U0168701

国家科学思想库

学术引领系列

# 中国学科发展战略

# 海洋大地测量基准与水下导航

中国科学院

科学出版社

北 京

# 内 容 简 介

我国海洋大地测量与导航学科及技术发展滞后，海底大地测量基准空白，水下导航定位手段匮乏，难以有效支撑我国日益活跃的海洋活动，更无法保障我国海洋强国建设，这与我国海洋经济建设和海防建设目标极不相配。本书论述了海洋大地测量基准与水下导航在海洋权益、国家安全、海洋经济及海洋科学研究等方面的战略支撑地位，在分析国内外相关科技领域发展现状和趋势的基础上，提出了我国海洋大地测量基准及海洋定位、导航和授时（PNT）体系建设的发展途径，梳理了海洋大地测量基准与水下导航技术领域的难点问题、关键技术及发展方向，给出了学科发展建议。

本书可供国家综合 PNT 体系建设、海洋科技以及大地测量与导航学科的政策制定、发展规划、科学研究及技术研发等相关人员阅读。

**图书在版编目（CIP）数据**

海洋大地测量基准与水下导航 / 中国科学院编. —北京：科学出版社，2022.6

（中国学科发展战略）

ISBN 978-7-03-072023-8

Ⅰ.①海… Ⅱ.①中… Ⅲ.①海洋测量-大地测量基准 Ⅳ.①P229.2

中国版本图书馆 CIP 数据核字（2022）第 057566 号

丛书策划：侯俊琳 牛 玲
责任编辑：张 莉 王勤勤／责任校对：杨 然
责任印制：师艳茹／封面设计：黄华斌 陈 敬

**科学出版社** 出版

北京东黄城根北街 16 号
邮政编码：100717
http:// www.sciencep.com

**中国科学院印刷厂** 印刷

科学出版社发行 各地新华书店经销

*

2022 年 6 月第 一 版 开本：720×1000 1/16
2022 年 6 月第一次印刷 印张：11 1/2 插页：1
字数：200 000

定价：78.00 元

（如有印装质量问题，我社负责调换）

# 中国学科发展战略

## 指 导 组

组　　长：侯建国
副 组 长：高鸿钧　秦大河
成　　员：王恩哥　朱道本　傅伯杰
　　　　　陈宜瑜　李树深　杨　卫

## 工 作 组

组　　长：王笃金
副 组 长：苏荣辉
成　　员：钱莹洁　赵剑峰　薛　淮
　　　　　王　勇　冯　霞　陈　光
　　　　　李鹏飞　马新勇

# 中国学科发展战略·
# 海洋大地测量基准与水下导航

## 项 目 组

组　长：杨元喜

副组长：薛树强　徐天河

成　员（以姓氏拼音为序）：

付梦印　李晓平　刘焱雄　吕志平　明　锋

秦显平　孙大军　王　勇　王振杰　许江宁

杨　雷　曾安敏　章传银　赵建虎

秘书组（以姓氏拼音为序）：

鲍李峰　韩云峰　柯宝贵　任　夏　唐秋华

王　博

# 九层之台，起于累土①

白春礼　杨　卫

　　近代科学诞生以来，科学的光辉引领和促进了人类文明的进步，在人类不断深化对自然和社会认识的过程中，形成了以学科为重要标志的、丰富的科学知识体系。学科不但是科学知识的基本的单元，同时也是科学活动的基本单元：每一学科都有其特定的问题域、研究方法、学术传统乃至学术共同体，都有其独特的历史发展轨迹；学科内和学科间的思想互动，为科学创新提供了原动力。因此，发展科技，必须研究并把握学科内部运作及其与社会相互作用的机制及规律。

　　中国科学院学部作为我国自然科学的最高学术机构和国家在科学技术方面的最高咨询机构，历来十分重视研究学科发展战略。2009 年 4 月与国家自然科学基金委员会联合启动了"2011～2020 年我国学科发展战略研究"19 个专题咨询研究，并组建了总体报告研究组。在此工作基础上，为持续深入开展有关研究，学部于 2010 年底，在一些特定的领域和方向上重点部署了学科发展战略研究项目，研究成果现以"中国学科发展战略"丛书形式系列出版，供大家交流讨论，希望起到引导之效。

　　根据学科发展战略研究总体研究工作成果，我们特别注意到学

---

① 题注：李耳《老子》第 64 章："合抱之木，生于毫末；九层之台，起于累土；千里之行，始于足下。"

科发展的以下几方面的特征和趋势。

一是学科发展已越出单一学科的范围，呈现出集群化发展的态势，呈现出多学科互动共同导致学科分化整合的机制。学科间交叉和融合、重点突破和"整体统一"，成为许多相关学科得以实现集群式发展的重要方式，一些学科的边界更加模糊。

二是学科发展体现了一定的周期性，一般要经历源头创新期、创新密集区、完善与扩散期，并在科学革命性突破的基础上螺旋上升式发展，进入新一轮发展周期。根据不同阶段的学科发展特点，实现学科均衡与协调发展成为了学科整体发展的必然要求。

三是学科发展的驱动因素、研究方式和表征方式发生了相应的变化。学科的发展以好奇心牵引下的问题驱动为主，逐渐向社会需求牵引下的问题驱动转变；计算成为了理论、实验之外的第三种研究方式；基于动态模拟和图像显示等信息技术，为各学科纯粹的抽象数学语言提供了更加生动、直观的辅助表征手段。

四是科学方法和工具的突破与学科发展互相促进作用更加显著。技术科学的进步为激发新现象并揭示物质多尺度、极端条件下的本质和规律提供了积极有效手段。同时，学科的进步也为技术科学的发展和催生战略新兴产业奠定了重要基础。

五是文化、制度成为了促进学科发展的重要前提。崇尚科学精神的文化环境、避免过多行政干预和利益博弈的制度建设、追求可持续发展的目标和思想，将不仅极大促进传统学科和当代新兴学科的快速发展，而且也为人才成长并进而促进学科创新提供了必要条件。

我国学科体系由西方移植而来，学科制度的跨文化移植及其在中国文化中的本土化进程，延续已达百年之久，至今仍未结束。

鸦片战争之后，代数学、微积分、三角学、概率论、解析几何、力学、声学、光学、电学、化学、生物学和工程科学等的近代科学知识被介绍到中国，其中有些知识成为一些学堂和书院的教学内容。1904 年清政府颁布"癸卯学制"，该学制将科学技术分为格致科（自然科学）、农业科、工艺科和医术科，各科又分为诸多学科。1905 年清朝废除科举，此后中国传统学科体系逐步被来自西方的新学科体系取代。

民国时期现代教育发展较快，科学社团与科研机构纷纷创建，现代学科体系的框架基础成型，一些重要学科实现了制度化。大学引进欧美的通才教育模式，培育各学科的人才。1912 年詹天佑发起成立中华工程师会，该会后来与类似团体合为中国工程师学会。1914 年留学美国的学者创办中国科学社。1922 年中国地质学会成立，此后，生理、地理、气象、天文、植物、动物、物理、化学、机械、水利、统计、航空、药学、医学、农学、数学等学科的学会相继创建。这些学会及其创办的《科学》《工程》等期刊加速了现代学科体系在中国的构建和本土化。1928 年国民政府创建中央研究院，这标志着现代科学技术研究在中国的制度化。中央研究院主要开展数学、天文学与气象学、物理学、化学、地质与地理学、生物科学、人类学与考古学、社会科学、工程科学、农林学、医学等学科的研究，将现代学科在中国的建设提升到了研究层次。

中华人民共和国成立之后，学科建设进入了一个新阶段，逐步形成了比较完整的体系。1949 年 11 月中华人民共和国组建了中国科学院，建设以学科为基础的各类研究所。1952 年，教育部对全国高等学校进行院系调整，推行苏联式的专业教育模式，学科体系不断细化。1956 年，国家制定出《十二年科学技术发展远景规划纲要》，该规划包括 57 项任务和 12 个重点项目。规划制定过程中形成的"以任务带学科"的理念主导了以后全国科技发展的模式。1978 年召开全国科学大会之后，科学技术事业从国防动力向经济动力的转变，推进了科学技术转化为生产力的进程。

科技规划和"任务带学科"模式都加速了我国科研的尖端研究，有力带动了核技术、航天技术、电子学、半导体、计算技术、自动化等前沿学科建设与新方向的开辟，填补了学科和领域的空白，不断奠定工业化建设与国防建设的科学技术基础。不过，这种模式在某些时期或多或少地弱化了学科的基础建设、前瞻发展与创新活力。比如，发展尖端技术的任务直接带动了计算机技术的兴起与计算机的研制，但科研力量长期跟着任务走，而对学科建设着力不够，已成为制约我国计算机科学技术发展的"短板"。面对建设创新型国家的历史使命，我国亟待夯实学科基础，为科学技术的持续发展与创新能力的提升而开辟知识源泉。

反思现代科学学科制度在我国移植与本土化的进程，应该看到，20世纪上半叶，由于西方列强和日本入侵，再加上频繁的内战，科学与救亡结下了不解之缘，中华人民共和国成立以来，更是长期面临着经济建设和国家安全的紧迫任务。中国科学家、政治家、思想家乃至一般民众均不得不以实用的心态考虑科学及学科发展问题，我国科学体制缺乏应有的学科独立发展空间和学术自主意识。改革开放以来，中国取得了卓越的经济建设成就，今天我们可以也应该静下心来思考"任务"与学科的相互关系，重审学科发展战略。

现代科学不仅表现为其最终成果的科学知识，还包括这些知识背后的科学方法、科学思想和科学精神，以及让科学得以运行的科学体制，科学家的行为规范和科学价值观。相对于我国的传统文化，现代科学是一个"陌生的""移植的"东西。尽管西方科学传入我国已有一百多年的历史，但我们更多地还是关注器物层面，强调科学之实用价值，而较少触及科学的文化层面，未能有效而普遍地触及到整个科学文化的移植和本土化问题。中国传统文化以及当今的社会文化仍在深刻地影响着中国科学的灵魂。可以说，迄20世纪结束，我国移植了现代科学及其学科体制，却在很大程度上拒斥与之相关的科学文化及相应制度安排。

科学是一项探索真理的事业，学科发展也有其内在的目标，探求真理的目标。在科技政策制定过程中，以外在的目标替代学科发展的内在目标，或是只看到外在目标而未能看到内在目标，均是不适当的。现代科学制度化进程的含义就在于：探索真理对于人类发展来说是必要的和有至上价值的，因而现代社会和国家须为探索真理的事业和人们提供制度性的支持和保护，须为之提供稳定的经费支持，更须为之提供基本的学术自由。

　　20 世纪以来，科学与国家的目的不可分割地联系在一起，科学事业的发展不可避免地要接受来自政府的直接或间接的支持、监督或干预，但这并不意味着，从此便不再谈科学自主和自由。事实上，在现当代条件下，在制定国家科技政策时充分考虑"任务"和学科的平衡，不但是最大限度实现学术自由、提升科学创造活力的有效路径，同时也是让科学服务于国家和社会需要的最有效的做法。这里存在着这样一种辩证法：科学技术系统只有在具有高度创造活力的情形下，才能在创新型国家建设过程中发挥最大作用。

　　在全社会范围内创造一种允许失败、自由探讨的科研氛围；尊重学科发展的内在规律，让科研人员充分发挥自己的创造潜能；充分尊重科学家的个人自由，不以"任务"作为学科发展的目标，让科学共同体自主地来决定学科的发展方向。这样做的结果往往比事先规划要更加激动人心。比如，19 世纪末德国化学学科的发展史就充分说明了这一点。从内部条件上讲，首先是由于洪堡兄弟所创办的新型大学模式，主张教与学的自由、教学与研究相结合，使得自由创新成为德国的主流学术生态。从外部环境来看，德国是一个后发国家，不像英、法等国拥有大量的海外殖民地，只有依赖技术创新弥补资源的稀缺。在强大爱国热情的感召下，德国化学家的创新激情迸发，与市场开发相结合，在染料工业、化学制药工业方面进步神速，十余年间便领先于世界。

　　中国科学院作为国家科技事业"火车头"，有责任提升我国原始创新能力，有责任解决关系国家全局和长远发展的基础性、前瞻性、战略性重大科技问题，有责任引领中国科学走自主创新之路。中国科学院学部汇聚了我国优秀科学家的代表，更要责无旁贷地承担起引领中国科技进步和创新的重任，系统、深入地对自然科学各学科进行前瞻性战略研究。这一研究工作，旨在系统梳理世界自然科学各学科的发展历程，总结各学科的发展规律和内在逻辑，前瞻各学科中长期发展趋势，从而提炼出学科前沿的重大科学问题，提出学科发展的新概念和新思路。开展学科发展战略研究，也要面向我国现代化建设的长远战略需求，系统分析科技创新对人类社会发展和我国现代化进程的影响，注重新技术、新方法和新手段研究，提炼出符合中国发展需求的新问题和重大战略方向。开展学科发展战略研究，还要从支撑学科发展的软、硬件环境和建设国家创新体系的整体要求出发，重点关注学科政策、重点领域、人才培养、经费投入、基础平台、管理体制等核心要素，为学科的均衡、持续、健康发展出谋划策。

2010 年，在中国科学院各学部常委会的领导下，各学部依托国内高水平科研教育等单位，积极酝酿和组建了以院士为主体、众多专家参与的学科发展战略研究组。经过各研究组的深入调查和广泛研讨，形成了"中国学科发展战略"丛书，纳入"国家科学思想库—学术引领系列"陆续出版。学部诚挚感谢为学科发展战略研究付出心血的院士、专家们！

按照学部"十二五"工作规划部署，学科发展战略研究将持续开展，希望学科发展战略系列研究报告持续关注前沿，不断推陈出新，引导广大科学家与中国科学院学部一起，把握世界科学发展动态，夯实中国科学发展的基础，共同推动中国科学早日实现创新跨越！

# 前　言

　　海洋科学与技术研究是经略海洋、认识海洋的重要基础，也是我国加快建设海洋强国不可或缺的重要支撑。2016 年，中国科学院地学部设立了"海洋大地测量基准与水下导航"学科发展战略研究项目。2016~2018 年，项目组通过召开专家咨询会、开展调研和学术交流等方式，编写完成了"海洋大地测量基准与水下导航"学科发展战略研究报告。2019~2020 年，项目组又重点对我国"十三五"期间"海洋大地测量基准与海洋导航新技术"研究成果进行了梳理和总结，回顾了我国南海首个海底大地测量基准建设情况，提出了我国海洋大地测量与导航学科及技术"十四五"时期发展方向。2021 年 3 月 26 日，研究报告通过了中国科学院地学部第十六届常委会第二十二次会议审定。

　　项目组历时五年，除完成"海洋大地测量基准与水下导航"项目的调研、讨论和报告撰写外，还对我国海洋大地测量基准建设与海洋定位、导航和授时发展需求、战略意义、发展现状和关键技术等问题进行了讨论与梳理；对关键技术进行了较深入的分析与初步研究；提出了我国海洋大地测量与水下定位、导航和授时（positioning，navigation，and timing；PNT）发展的技术途径；结合海洋大地测量与导航学科及技术发展现状，梳理了海洋大地测量与海洋 PNT 的主要研究方向，对未来特别是"十四五"时期我国海洋大地测量学科建设与发展、海洋水下 PNT 学科发展及其重点发展方向和策略进行了分析与讨论。

在本学科发展战略研究过程中，部分尖端研究成果和建议已经被科学技术部"地球观测与导航"重点专项管理办公室采纳，为"海洋大地测量基准与海洋导航新技术"重点研发项目提供支撑；部分建议被国家发展和改革委员会高技术产业司采纳，把"海底大地基准框架建设"作为全球大地测量基准建设工程的重要组成部分开展初期建设，并取得重要工程建设进展，在关键技术攻关方面取得了一系列成果。

感谢中国科学院学部学科发展战略研究项目（编号：2016-DX-A-02）的支持。在本书的撰写过程中，薛树强主笔撰写了海洋大地测量基准框架设计相关章节；徐天河参与了海洋水下导航章节的技术素材准备，并提供了重要思路；任夏博士对本书文稿进行了校对。感谢我国"十三五"期间国家重点研发计划"海洋大地测量基准与海洋导航新技术"项目研究团队的支持，感谢所有为本书编制付出智慧及劳动的同事和朋友，特别感谢于锦海、冯海泓、阳凡林、姜军毅、邓凯亮等海洋空间基准与导航技术研发团队为本书编写提供了资料。

杨元喜

2021年5月

# 引　言

　　海洋是人类赖以生存与可持续发展的重要空间和资源，事关中华民族的伟大复兴和发展空间。我国是一个海洋大国，300多万平方公里海洋国土蕴藏着丰富的石油、天然气及其他矿产资源，对国民经济发展具有重要意义。海洋对气候、二氧化碳等具有重要调节作用，我国2030年前要实现碳达峰，2060年前实现"碳中和"，不能不利用海洋（焦念志等，2018）。

　　党的十八大提出"海洋强国"战略，强调大力发展海洋经济、开发海洋资源、保护海洋环境、维护海洋权益。中共中央政治局第八次集体学习时，习近平总书记强调，要进一步"关心海洋、认识海洋、经略海洋"（人民日报，2013），"依海富国、以海强国、人海和谐"（人民日报，2013）。2013年又提出了建设"21世纪海上丝绸之路"的宏伟构想（国家发展改革委等，2015）。党的十九大报告明确提出"坚持陆海统筹，加快建设海洋强国"（新华社，2017）。经略海洋、保护海洋、走"海洋强国"之路，首先必须认识海洋，必须解决海洋大地测量基准、海洋测绘、海洋水下定位、导航和授时等基础问题。

　　海洋大地测量基准是国家信息化建设的重要空间设施，美国、日本等发达国家已有战略性布局（杨元喜等，2017；刘经南等，2019）。海洋大地测量基准作为国家空间基准的重要组成部分，是陆基大地基准在海洋上的自然延伸，也是构建数字海洋、透明海洋的重要基础；海洋大地测量基准是认识海洋、经略海洋、开发海洋的基础性保障，也是海洋信息资源建设和海战场信息化建设的重要内容（杨元喜等，2020）。然而，我国海洋大地测量基准非常薄弱，海底大地测量基准设施空白，难以有效支撑我国日益活跃的海洋活动，更无法保障我国海洋强国建设，这与我国的"经略海洋，走进深蓝"的经济建设和国防建设目标极不相配。

水下导航定位基础设施及其终端技术装备是海洋资源开发、深海勘探等海洋活动的重要支撑。以我国北斗卫星导航系统（BeiDou Satellite Navigation System，BDS，以下简称北斗系统）为代表的全球导航卫星系统（global navigation satellite system，GNSS）是使用最广泛的导航定位手段，但是卫星无线电信号无法穿透到深海，使得卫星导航定位服务在广阔的海洋存在"盲区"。2018 年 11 月 5 日，国家主席习近平向联合国全球卫星导航系统国际委员会第十三届大会致贺信提出，北斗系统 2035 年前还将建设完善更加泛在、更加融合、更加智能的综合时空体系。综合 PNT 体系建设是解决诸如水下等场景 GNSS "盲区"问题的关键（杨元喜，2016；杨元喜和李晓燕，2017）。

海底大地测量基准和水下导航定位基础设施建设可有效解决我国北斗系统在海洋水下场景 PNT 服务"盲区"问题，支撑我国 2035 年国家综合 PNT 体系建设。因此，构建陆海无缝的国家海洋空间基准，发展自主可控的水下导航定位技术，对完善国家综合 PNT 体系至关重要，对维护国家海洋权益、保障国家安全和贯彻落实海洋强国战略等具有重要战略意义，在海洋经济建设、"21 世纪海上丝绸之路"建设、海洋环境监测等方面都具有重大现实意义。海上舰船航行、海洋资源环境调查、海洋综合管理、海洋资源勘察及海洋经济建设等都需要 PNT，水下有人和无人载体安全航行也需要 PNT 的支撑（Yang et al.，2020a）。因此，建立海洋大地测量基准及其应用服务体系，与北斗系统一起，形成覆盖空间、陆地、海洋水体和海底的陆海空统一时空基准，是经略海洋的战略支点，是建设海洋强国的基础和保障。

　　从学科发展角度，我国海洋大地测量基准、海洋测绘、水下导航等也是测绘学科的薄弱环节（姚宜斌等，2020）。我国大地测量经过几十年的发展，取得了长足进展，先后建立了以地面三角网为基础的地面大地控制网和以全球定位系统（global positioning system，GPS）观测为主的空间大地控制网，并建立了1954北京坐标系、1980西安大地坐标系和2000国家大地坐标系。但是，时至今日，我国大地测量学科的重点依然放在陆地大地测量，尚无完整的海洋大地测量学科体系，海底大地测量基准少有研究，水下PNT更是缺少自主可控先进技术，存在巨大安全可控技术风险。从大地测量学科的完整体系建设角度，应该侧重补短板，大力促进海洋大地测量基准与水下PNT学科体系的发展。

# 目　录

# 第一章
# 战略支撑地位、意义与作用

海洋大地控制网是国家大地基准网的重要组成部分，是海洋大地测量、海洋测绘和水下导航定位的基础，是海洋活动尤其是水下航行的重要参考基准（杨元喜等，2017；杨元喜等，2020）；海洋大地控制网也是海洋权益维护、海洋资源勘探、海洋环境监测的重要基础设施，还是海洋科学研究的重要支撑。海洋大地控制网需尽可能覆盖海面、水中和海底。美国、日本等少数发达国家早已开展了海底大地控制网建设研究（Mochizuki et al.，2003；Favali and Beranzoli，2006；Matsumoto et al.，2008a），相比之下，我国海底大地控制网建设起步较晚，缺少自主可控的海底基准信标装置，水下导航定位技术单一，难以有效满足海洋勘探、海洋经济开发、海洋科考、海洋环境监测、海洋权益维护等各种海洋活动的需要（杨元喜等，2017）。

## 第一节　维护国家海洋权益和国家安全的
## 重要基础设施

随着国家利益边界的不断拓展，国家安全概念已经超出了传统的领土、领空范畴，不断向深空、深海、两极甚至全球和网络空间拓展与延伸。海洋权益与陆地权益、空间权益一样是国家利益的核心内容之一，维护海洋权益首先要有陆海统一的大地基准的保障。我国国家安全与海洋权益维护形势严峻，周边安全环境复杂，国家主权和海洋权益正面临巨大挑战（姜丽丽，2006）。我国部分岛礁被侵占、海洋资源被掠夺，海域划界矛盾突出。敌对势力拉拢域内和域外国家（地区）不断在各种场合强调所谓"航行安全"，实质是制造事端，进行挑衅，给我国海洋安全及海洋权益维护带来极大挑战。

海洋安全是国家安全的最前沿阵地，国家安全保障离不开海洋大地基准支撑和海洋导航定位保障。《中国海洋发展报告（2019）》指出，中国的海洋安全形势正发生复杂而深刻的变化，海洋安全是中国当前国家安全的重点方向，关系到国家的主权与安全，更关系到国家的未来发展（自然资源部海洋发展战略研究所课题组，2019）。我国海洋安全面临严峻挑战，尤其是南海安全不断面临严重威胁。南海是我国海洋安全的重要屏障（于营，2012），但是，近年来我国南海重要区域、重要岛礁、重要海洋探测装置和重要设施经常遭到敌方从空中、水面到水下多层次、多手段侦察、滋扰与入侵，海洋安全和海洋权益面临巨大威胁，海洋资源勘探存在巨大安全隐患。

无论是海洋权益维护还是海洋安全保障，都必须有海洋大地测量基准与水下导航定位能力。维护海洋权益首先必须扩大海洋活动空间，提高海洋水上和水下安全航行能力。此外，维护海洋安全和海洋权益不得不大力强化我国的海防能力，海防能力的提升首先要有海底大地测量基准与水下PNT基础保障能力的提升，如此才能确保水下载体航行，特别是隐蔽航行安全。然而，我国陆海空间基准未形成统一体系，海底基准基础设施几乎空白，水下导航技术手段单一，严重影响我国海洋权益的维护和各种海上活动的开展（杨元喜等，2017）。在国家科技实力和经济实力不断增强以及相关技术储备不断丰富与完善的情况下，建立和发展陆海一体的空间基准体系，发展水下导航定位新手段已迫在眉睫。

建立海洋大地控制网，类似于北斗导航卫星星座，可为水下潜器提供导航定位服务（杨元喜等，2020），从而有效提高其隐蔽性和生存能力，也可为我国海上力量提供水下隐蔽定位信息支援，保障舰船航行安全，提升其有效遂行使命的能力。当前，我国水下航行器隐蔽导航主要依靠惯性导航系统（inertial navigation system，INS）（张福斌，2002；张世童等，2020）。水下导航尤其是长航时水下惯性导航累积误差严重，我国目前使用的水下静电惯性导航系统的导航精度大约为0.5 n mile/2d，而美国使用的水下静电惯性导航系统的导航精度大约为2 n mile/30d。为了标校水下惯性导航的累积误差，水下潜器不得不上浮水面，或放出一次性GNSS浮标进行标校，或借助陆基导航（长波导航台）系统进行位置校准，这大大降低了其自主导航隐蔽性和生存能力。地球物理场匹配导航也是解决水下潜器惯性导航累积误差的重要手段，但水下潜器匹配导航定位所需的水下地形地貌信息、重力场信息和磁场信息，最终也离不开陆海统一的海洋大地测量基准支撑。

海洋大地测量基准与陆地基准的统一是陆海空联合作战的重要基础，有利于形成全球精确打击的战略能力，有利于全面提升海战场环境综合保障能力，以满足遂行应急救援、远洋护航、重要海上通道控制等多样化海洋安全保障需要。建立分布合理的陆海统一的海洋大地控制网，有利于改变目前单一的海洋导航定位模式，有利于准确快速获取海战场环境时空信息和导航定位信息，有利于提高信息化协同作战和精确打击保障能力。

# 第二节　国家蓝色海洋经济、"21 世纪海上丝绸之路"的基础支撑

海洋经济是我国经济发展潜在的、可持续的、重要的领域。作为国民经济建设的重要战略发展方向，海洋经济对我国国民经济的贡献稳步增长。根据《2019 年中国海洋经济统计公报》，2019 年全国海洋生产总值 89 415 亿元，比上年增长 6.2%，海洋生产总值占国内生产总值的比重为 9.0%，占沿海地区生产总值的比重为 17.1%（自然资源部，2019）。我国每年进口的原油 90% 以上也需要通过海洋运输（吴刚和魏一鸣，2009）。我国社会经济发展对海洋资源的开发利用、运输通道的安全保障、海洋权益的维护拓展的重要性和依存度日益突出。为了快速推进我国海洋经济发展，稳健实施全球经济布局，实施国家海洋大地基准与海底导航定位基础设施建设已成为当前大地测量的优先发展任务。

共建"21 世纪海上丝绸之路"有助于中国与海上丝绸之路沿线国家在航运、能源、贸易、科技、生态等领域开展全方位合作，有利于扩展我国经济发展战略空间，支撑我国经济持续稳定发展，同时对促进区域繁荣、推动全球经济发展具有重要意义。"21 世纪海上丝绸之路"建设首先要有时空基准统一地理空间信息的保障，要有海洋导航定位技术和装备的支持，因此，大力发展海洋大地测量基准与导航技术已成为国家空间基准服务国民经济建设的新任务和新使命。

我国部分管辖海域和重点关注大洋区域的海洋大地测量基准基础设施远不能满足"21 世纪海上丝绸之路"的需求，尤其是海底大地测量基准设施极其薄弱，因此需要尽快开展"21 世纪海上丝绸之路"大地基准建设，为

"21 世纪海上丝绸之路"建设提供导航定位服务能力。加强海底大地控制网建设，提供全球统一、陆海一体、精准可靠的空间基准，无疑是提升海洋观测能力最基础、最核心的环节，将直接服务于"21 世纪海上丝绸之路"，为其提供精确的时空基准保障。

# 第三节　海洋资源开发和海洋环境监测的重要支撑条件

海洋资源开发是我国资源供给的重要途径。我国拥有 300 多万平方公里海洋领土、18 000 km 大陆海岸线和 16 000 km 海岛岸线（魏国旗，1991），我国东海、南海都蕴藏着丰富的石油、天然气等矿产资源，海岸带区域自然资源丰富，对于我国社会经济可持续发展具有极其重要的意义（杨金森，2005）。

海洋渔业需要海洋位置服务。我国拥有浅海滩涂面积 2 亿亩[①]，大陆架渔场 42 亿亩，目前拥有海水养殖面积 3000 万亩，海藻、虾类养殖已位居全球第一。1998～2004 年，山东省青岛市崂山区每年的海洋捕捞产量稳定在 6 万 t 以上，但随着近海资源匮乏，捕捞产量下降，如 2005 年为 5.4 万 t（青岛市崂山区志编纂委员会，2008）。因此，海洋经济需要向更绿色、更健康的可持续方向发展（陈国生和叶向东，2009）。海洋所孕育的"蓝色粮仓"将在很大程度上解决我国"人增地减"的矛盾（韩立民和李大海，2015）。海洋养殖，尤其是智能化、无人化养殖（以下简称海洋牧场）需要海洋大地基准与海洋 PNT 的强有力保障，否则无人值守的海洋牧场建设将不可能实现。

此外，公海和深海蕴藏着人类可持续发展所需的大量矿产资源，这将成为世界各国抢占生存和发展空间的制高点。我国海洋资源开发正在走向深海和公海，需要深海高精度导航定位技术提供支撑和保障，海洋资源勘探更离不开高精度定位与导航技术的支撑。我们知道，海洋是我国资源勘探开发的重要领域，探索和查明蕴藏在海洋中的自然资源，摸清其富集过程和特征，必须首先进行海洋资源调查、勘探，其后才能有计划地实施开采。海洋资源勘探离不开位置服务，也离不开海洋导航，尤其是海底钻探，更需要水下高精度定位技术的支持。

2021 年 12 月，国务院批复《"十四五"海洋经济发展规划》指出，更好

---

[①]　1 亩≈666.67m²。

统筹发展和安全，优化海洋经济空间布局，加快构建现代海洋产业体系，着力提升海洋科技自主创新能力，协调推进海洋资源保护与开发，维护和拓展国家海洋权益，畅通陆海连接，增强海上实力，走依海富国、以海强国、人海和谐、合作共赢的发展道路，加快建设中国特色海洋强国。海洋环境监测、海洋环境保护是国家"绿水青山"战略实施的重要组成部分，也是国家承诺的"2035年前实现碳达峰、2060年前实现碳中和"的重要"碳中和"承载区域。海洋环境监测离不开定位信息和位置服务，也离不开导航定位和授时技术。2021年3月，《中华人民共和国国民经济和社会发展第十四个五年规划和2035年远景目标纲要》提出，打造可持续海洋生态环境，探索建立沿海、流域、海域协同一体的综合治理体系。这些年来，我国在大力提倡开发利用海洋的同时，面临着巨大的海洋生态环境污染治理压力。2014年，长江、黄河、珠江等七大流域环境监测结果表明，水质同比均出现下降状态，多数河口生态系统海水呈现富营养化，港湾、潮滩和湿地等环境污染严重，许多地区赤潮不断（李尚勇，2015）。海底大地控制网作为海洋立体监测系统的基础组成部分有必要尽早提到重要日程。

国家海洋大地测量基准可为海洋资源调查、勘探、开发提供坚实的基础，提高国家海洋资源开发能力，促进海洋经济高质量发展。例如，海底大地控制网可为海底工程施工提供控制，为石油钻井平台的定位或复位、海底管道的敷设、水下探测器的安置或回收等提供高精度定位（杨凡，2017）。国家海底大地控制网建设还可为海洋经济建设提供测绘保障，为我国社会经济可持续发展做出贡献。水下导航定位可广泛应用于包括海洋资源勘察与开发、海底地形地貌勘测以及深海探测等领域。

此外，国家海洋环境监测需要集成高精度导航、定位和授时技术，为各类海洋环境参数提供准确可靠的空间位置和时间信息，特别是在海洋潮汐、水文观测等方面，不仅需要在我国沿海实现观测资料的陆海统一，还需要在全球范围内确保观测数据的时空基准统一。

## 第四节　数字海洋、透明海洋和智慧海洋的核心要素

中国共产党第十九次全国代表大会报告明确提出加快"建设海洋强国"，这一战略实施需要有数字海洋、透明海洋、智慧海洋的支撑，形成海洋资源、事件、目标等相关位置和时间的快速感知能力。

数字海洋是海洋全信息的数字化，是透明海洋的前提条件，更是智慧海洋的基础和核心。数字海洋建设首先必须构建立体式观测网络，从空间、海面、水下甚至海底获取各类海洋环境信息，包括海洋几何信息、物理信息、化学信息、生态信息等，这些信息的共同特征是都必须有位置属性；数字海洋还必须有网络信息，否则各个区域的各类海洋信息将成为"信息孤岛"，构不成整体的海洋信息平台，而各类海洋信息必须有高精度时间和空间框架的支持，否则这些信息将成为杂乱无章的信息。

透明海洋是数字海洋的升华。透明海洋需要数字海洋的支撑，没有足够密度、足够分辨率的海洋综合数据支撑，海洋不可能透明化。建立透明海洋必须有足够的海洋感知信息支持，无论哪类感知信息，都必须有时间和空间属性，因此大地基准信息、导航定位信息及时间信息就成为透明海洋的基础。

智慧海洋是数字海洋、透明海洋的升华，也是智慧地球的重要组成部分。智慧海洋不仅需要海量的、高空间分辨率和高时间分辨率的海洋信息的支持，还需要将海洋大数据与专家知识相结合，形成海洋知识图谱，将新一代信息技术与海洋环境、海洋装备、人类活动和管理科学深度融合，实现互联互通、智能化挖掘、智能化决策与智能化服务。

海洋大地测量基准与海洋 PNT 是数字海洋、透明海洋和智慧海洋的基础信息要素，也是智慧海洋的知识图谱生成的关键。我国正在建设的海洋观测网可提高海洋观测的观测精度和海洋环境感知能力，并为实现智慧海洋资源共享、海洋活动协同、智慧经略海洋提供重要支撑。

## 第五节　海洋科学及地球科学问题研究的基础平台

海洋科学属于地球科学范畴，而海洋大地测量和海洋测绘又是海洋科学研究的基础。海洋科学发展离不开海洋观测基础设施，离不开海底及海洋环境观测信息，更离不开海洋高精度导航定位技术和装备支撑。

海底大地控制网是构建陆海统一大地基准体系的重要内容，也是构建陆海空天导航定位技术体系的重要环节。海底大地控制网作为我国大地基准的重要组成部分，将有效填补我国大地基准在海底的空白，极大提高国家测绘基准服务能力，为现代地球相关学科（如空间科学、地球物理学、地震学、地质学、石油物探等）提供高精度海洋大地测量观测数据。由于许多海底板块上面没有海岛，海底大地测量基准观测就成为研究海洋板块运动及其板

块边界地震活动的重要手段。如图1-1所示，海底板块边缘是海底地震的高
发地带。

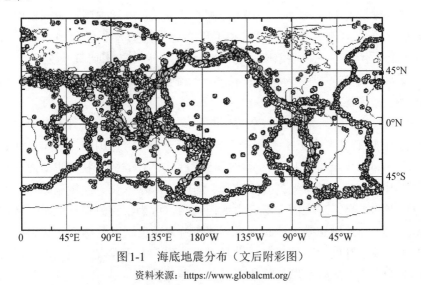

图1-1　海底地震分布（文后附彩图）

资料来源：https://www.globalcmt.org/

　　基于现代空间大地测量构建的地球参考框架具备板块运动、地球自转变化、地表负荷及地心运动等监测能力（Altamimi et al.，2005）。如图1-2所示，国际地球参考框架（International Terrestrial Reference Frame，ITRF）在海洋存在空白，海底大地控制网可为全球变化监测提供高时空分辨率的大地测量监测资料，为认识海洋和研究海洋等提供基础观测平台。

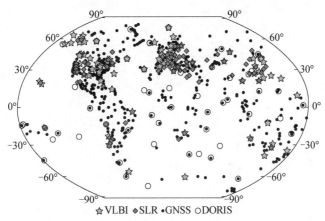

☆VLBI ◆SLR •GNSS ○DORIS

图1-2　国际地球参考框架点分布

VLBI 指甚长基线干涉测量（very long baseline interferometry）；SLR 指卫星激光测距（satellite laser
ranging）；DORIS 指多里斯系统（Doppler Orbitography and Radiopositioning Integrated by Satellite）

  海底大地控制网也是陆海空天全球性时空基准建立和维护的重要组成部分,构建全球性海底大地控制网是地球科学未来10~20年亟须解决的重要科学与技术难题(刘经南等,2019)。中国作为一个海洋大国,亟须在国家层面开展海洋大地测量基准的研究和工程实施,为海洋科学和地球科学研究提供基础平台。目前,我国海底大地控制网相关技术研究尚处于起步阶段,受复杂海洋环境影响和薄弱技术平台制约,海洋大地测量基准工程实施正面临诸多挑战。

  海底板块运动、海底滑坡和垮塌与海底沉积物变化监测等地学研究,对海底基准观测技术提出了更高的要求(Blum et al.,2010;Brooks et al.,2011;Chadwell et al.,1996;Matsumoto et al.,2008b)。我国也是海洋灾害频发的国家之一,时常受到海底地震、海啸、海水入侵、海岸侵蚀、台风等多种灾害的影响。建立国家海底大地控制网,可为我国海洋环境及灾害过程监测提供统一的时空基准,有利于从陆海统筹角度研究我国海洋灾害的成因与机理。国家开展大陆架调查、大洋科学考察、大洋发现计划、南北极考察等科学活动,也都离不开海洋/水下高精度导航技术。

# 第二章

# 国内外发展现状及趋势分析

## 第一节　发达国家海底空间基准技术发展现状

海底大地控制网建设构想最先由美国斯克里普斯海洋研究所（Scripps Institution of Oceanography，SIO）提出（Spiess，1985a，1985b；Chadwell et al.，1997；Spiess et al.，1998），目前仅有少数发达国家具备相应技术条件。美国、日本等发达国家通过布测先进的海底大地控制网（Mochizuki et al.，2003；Ballu et al.，2010；Blum et al.，2010；Bürgmann and Chadwell，2014），不断完善海洋大地测量基准基础设施，加快海洋导航定位技术革新，力求在海洋资源开发和海洋空间利用中占据有利地位，并已在海洋地质、海洋灾害监测等方面取得重要研究成果。

### 一、海底大地测量基准与海底观测网络

如图2-1所示，通过在海底板块及板块交界处布设海底大地控制点，并采用GNSS−声呐（GNSS-Acoustic，GNSS-A）观测技术进行定期观测，可获取板块的运动速率和板块扩展观测数据。如图2-2所示，水下潜器通过与海底大地控制点进行通信和距离测量，可实现高精度导航。20世纪六七十年代，美国华盛顿大学应用物理实验室（Applied Physics Laboratory，APL）在达波湾试验靶场建成了由四个水听器组成的三维坐标跟踪系统（张旭，2015）。在此基础上，美国开始在太平洋、大西洋等海域大量布设海底声学信标，形成了与美国全球战略相适应、满足潜艇自主航行和作战需求的水下

导航能力。

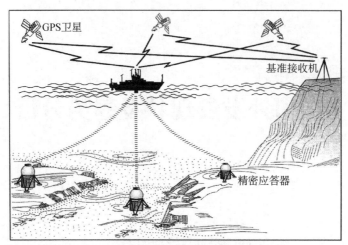

图2-1　GNSS-A海底板块位移监测示意图

资料来源：Spiess等（1998）

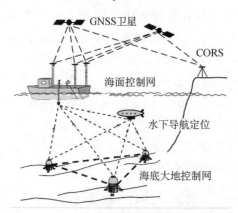

图2-2　海底大地测量基准导航服务示意图

CORS指连续运行基准站（continuously operating reference station）

2016年，俄罗斯圣彼得堡海洋仪器康采恩研制出了新型水下导航定位系统，该系统由深海浮标、俄罗斯全球导航卫星系统格洛纳斯（GLONASS）和自治式潜水器（autonomous underwater vehicle，AUV）组成，可实现北极冰层下米级高精度导航定位（周伟和李仲铀，2017）。美国国防部高级研究计划局（Defense Advanced Research Projects Agency，DARPA）授予英国军工巨头英国航空航天（BAE）公司一份研发深海定位导航系统的合同，通过在海底布放少量声源信标来代替全球定位系统实现无人航行器长时间高精度导航定位。

海底基准站阵列一般由3～5个应答器组成，并采用 GNSS-A 技术进行观测与维护。2011年，日本东北大地震后，政府加大了深海海沟附近大地测量的力度，于2012年沿日本海沟新布设了20个海底基准站，沿日本南海海槽也增加了8个海底基准站，总数目达到15个。截至2012年，日本已在海底地震和海底地壳运动监测方面取得了巨大的成功（Sato et al.，2013a）。美国最早开展了海底大地测量研究工作，并主要围绕海底板块扩张开展了大量海底大地测量观测（Spiess et al.，1998；Gagnon et al.，2005）。

2003年，日本开始实施"新型实时海底监测网"（Advanced Real-time Earth Monitoring Network in the Area，ARENA）计划，在其附近海域建立了8个深海海底地球物理监测台，安装了海底地震仪、海啸测量仪、磁力仪、倾斜仪、流向流速仪、温度仪等观测仪器，进行了海底实时综合监测。这些海洋观测主要应用于地震学和地球动力学、海洋环流等研究（Yamada et al.，2002；Fujita et al.，2006）。地震-海啸实时观测网（Dense Oceanfloor Network System for Earthquakes and Tsunamis，DONET）的目标是在日本南海海槽建设海底观测网。目前，日本在其东边海岸和海沟之间设置了150多个地震仪构建海沟海底地震海啸观测网。日本海沟海底地震海啸观测网与日本 DONET 海底观测网在结构上有所不同，它直接用海底电缆连接地震仪和海啸仪，也属于有缆观测网。而 DONET 海底观测网是节点型观测网，通过节点的分支装置连接各种传感器。

此外，海底压力计观测是海洋潮汐观测和海底地壳垂直运动监测的重要技术手段，可测得毫米级精度的高程形变信息（Chadwick et al.，2006），因此，压力计可用于在海底建立固定的垂直基准。2014年，Takahashi 等设计了海底压力监测系统，用于监测海啸和海底板块垂直运动（Takahashi，2014）。2016年，Iannaccone 等在意大利北部海域基于该方法开展了海底垂直位移的监测（Iannaccone et al.，2018）。

早在2004年，英国、德国、法国等国家在欧洲"全球环境与安全监测"（Global Monitoring for Environment and Security，GMES）观测计划倡导下，制定了"欧洲海底观测网络"（European Seafloor Observatory Network，ESONET）计划（Favali and Beranzoli，2006），针对从北冰洋到黑海不同海域的科学问题，在大西洋与地中海选取11个海区建设有缆海底观测网，整个系统包括长约5000 km 的海底电缆，进行长期实时综合海底观测。表2-1给出了国际主流海底观测平台产品的名称和指标等信息。

表 2-1 国际主流海底观测平台产品

| 名称 | 主材料 | 底座形状 | 尺寸/m | 重量/kg | 用途 |
|---|---|---|---|---|---|
| Tripod Mount | 6061 铝 | 三角形 | 直径 1.5×高 0.5 | 31 | 浅海 |
| Sea Spider | 玻璃钢 | 三腿 | 1.47×1.47×0.53 | 87 | 浅海 |
| CAGE en PEHD | 高密度聚乙烯 | 四边形 | 1.78×1.76×0.8 | 285 | 浅海（防拖网） |
| AL200-RATRBM | — | 四边形 | 1.83×1.83×0.54 | 332 | 浅海（防拖网） |
| GEOSTAR | — | 四边形 | 3.5×3.5×3.3 | 25 400 | 深海（EMSO）观测网络节点 |
| Sea Floor Docking Station | 玻璃钢强化塑料 | 三腿 | 7.97×6.98×3.93 | — | 深海[安哥拉深海观测网（DELOS）观测网络点] |

资料来源：胡展铭等（2014）

　　海底综合观测网络可将海洋潮汐、海洋环境监测、海洋生物、海洋化学、海洋重力磁力、海底板块运动及海洋灾害监测等有机结合，从而实现多技术、全方位解决海洋观测问题，这已成为海洋时空基准网络的重要发展趋势。表2-2给出了国际典型海底观测网络功能设计情况。

表 2-2 国际典型海底观测网络功能设计

| 序号 | 名称 | 功能 |
|---|---|---|
| 1 | 美国海底观测网（OOI） | ①海洋-大气交换监测；②气候变化、海洋环流和生态系统监测；③湍流混合和生物物理相互作用监测；④沿海海洋动力过程和生态系统；⑤流体-岩石相互作用和海底生物圈监测；⑥板块尺度地球动力学监测 |
| 2 | 加拿大海底观测网（ONC） | ①人类活动导致东北太平洋海洋变化监测；②东北太平洋及萨利什环境中的生命监测；③海底-海水-大气之间的相互作用监测 |
| 3 | 欧洲海底观测网（EMSO） | ①海洋生物的分布和丰富程度，海洋生产力、生物多样性、生态系统功能、生物资源、碳循环和气候反馈监测；②海洋酸化、水团动态、深海环流及海平面上升监测；③海啸、地震和火山监测 |
| 4 | 日本海底观测网（DONET） | ①地震、海啸的实时观测和预警；②海底大地测量；③海底板块运动监测 |
| 5 | 安哥拉深海观测网（DELOS） | ①深海生物群落监测；②气候变化与深海生态和生态多样性的关系研究；③安哥拉油气开采与长期自然环境监测 |

资料来源：李风华等（2019）、Bagley等（2015）

　　海洋声速场是影响水下声呐导航定位和声学通信的重要海洋环境因素（Munk，1974；Osada et al.，2003；吕华庆，2012）。事实上，从解决海洋环境科学问题与海洋环境信息监测等角度出发，国际上早就发起了Argo浮标观测计划（王辉赞等，2012；蔡艳辉等，2014）。如图2-3所示，2021年5月全球共有3800多个Argo浮标在运行。

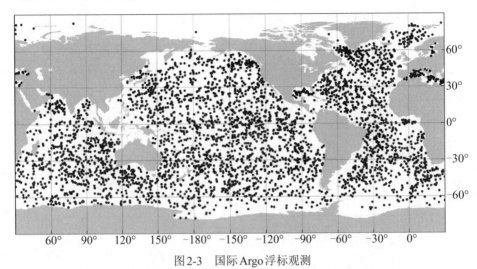

图2-3　国际Argo浮标观测

资料来源：ftp://ftp.argo.org.cn/pub/ARGO/global/

自沉浮式剖面探测浮标是一种海洋观测平台，首先应用于国际Argo浮标计划。Argo浮标专用于海洋次表层温、盐、深剖面测量。仪器布放后可工作两年以上，直至电源耗尽。我国在2004年实验的Argo浮标潜入深度已达到1900 m，经过历时两年的浮标研究工作，在下潜深度、剖面测量、数据处理和卫星传递数据等功能上达到了国际Argo组织的要求。

## 二、声学定位系统与声学导航定位技术

### （一）声学定位系统装备产品

国外对水声定位系统的研究起步较早。进入21世纪以来，随着对水声信号处理技术研究的突破创新，水声定位系统的各种相关技术逐渐走向成熟。国外已有IXSEA、Kongsberg等多家公司推出了多套高性能的商用乃至军用水声定位系列产品，标志着水声定位技术进入了相对快速的发展时期（米尔恩，1992；田坦，2007）。

国外有关超短基线定位（ultra short base line positioning）系统最早见于20世纪80年代初。经过近40年的发展，现在已有多家公司推出了较成熟的超短基线定位产品。目前从事水声定位导航技术研究及相关声呐设备研发的领先国家与机构见表2-3（孙大军等，2012，2019）。

表2-3 水声定位导航技术研究及相关声呐设备研发的领先国家与机构

| 机构 | 国家 | 技术与产品 | 优势应用领域 |
|---|---|---|---|
| Sonardyne 公司 | 英国 | 超短基线、长基线、综合定位 | 海洋油气田开发 |
| Kongsberg 公司 | 挪威 | 超短基线、长基线、综合定位 | 动力定位、潜器对接 |
| IXSEA 公司 | 法国 | 超短基线、长基线，声学/惯性一体化 | 深海科学考察 |
| Nautronix 公司 | 澳大利亚 | 超短基线、长基线、综合定位 | 海洋钻矿 |
| ORE 公司 | 美国 | 超短基线 | 低精度定位 |
| ASCA 公司 | 法国 | 水下 GPS | 水下搜救 |
| 伍兹霍尔（Woods Hole）海洋研究所 | 美国 | 潜载超短基线，声学/惯性一体化 | 潜器对接 |
| SIO | 美国 | 静态厘米级定位技术 | 海底板块位移的测量 |
| 东京大学 | 日本 | 静态厘米级定位技术 | 海底板块位移的测量 |

## （二）水下声呐高精度定位技术

水下声呐定位技术虽然能以很高的精度测量声波的时延，但声速误差极大地限制了定位精度。大地测量学家提出，通过改进测量策略和解算方法，水声定位技术可获得高精度水平定位结果，以满足海底板块监测等地球科学的需求（刘经南等，2019）。美国SIO的Spiess早在1985年就提出了海底精密定位方法，该方法在海底布设3个高精度应答器作为时空基准，相互间隔约5 km，由船拖曳换能器从海底基准站应答器阵上方约300 m处经过，进行声学测量；2005年，SIO的Sweeney等将该方法进行进一步改进。试验结果表明，该方法能以厘米级的精度测量海底基线。2012年，日本东北大学的Osada等于900 m的基线上获得1.5 cm精度的水平测距结果。2013年，伍兹霍尔海洋研究所的McGuire和Collins用直接测距法于1 km的基线上获得毫米级精度测量结果。2016年，法国、德国和土耳其的学者在北安纳托利亚断层伊斯坦布尔—西利夫里段布设了10个基准站，获取了断层年位移变化（Sakic et al.，2016）。

美国SIO提出GNSS-A定位技术以后，日本海上保安厅的海洋水文部（Hydrographic and Oceanographic Department of the Japan Coast Guard，JHOD）于20世纪90年代开始进行研究，而后东京大学、东北大学、名古屋大学、京都大学等众多日本科研机构也纷纷开展了相关研究，取得了一系列重要研究成果（Obana et al.，2000；Sato et al.，2013a，2013b）。经过近30年的持续研究，目前日本已经成为GNSS-A定位技术革新速度最快、基础设施和成果产出成效最显著的国家。2006年，日本学者引入线性反演法并估计声速剖面的时间变化，使该技术水平测量结果的可重复度达到厘米级（Fujita et al.，2006）。美国 SIO 提出的 GNSS-A 定位技术将科考船控制在应答器阵列的中心轴线附近，可获得高精度水平定位结果；而日本 JHOD 的 GNSS-A 定位技术控制科考船沿预定轨迹航行，不仅能进行水平位置测量，理论上还可以进行垂直位置的测量（Sato et al.，2013a，2013b）。

## 三、水下自主导航定位技术

INS 优点突出，它具有完全自主性，隐蔽性好，可以实时输出高精度的位置、姿态、速度信息，适用于水下隐蔽导航需求。惯性导航可以方便地与其他导航技术相结合，如水下多普勒测速仪（DVL）、重力匹配导航等，构成组合导航系统，形成组合导航模式，因而成为当前 AUV 的首选导航方式，尤其适用于隐蔽性要求很高的军事用途（张世童等，2020）。随着 INS 不断发展，一些新型传感器不断涌现，如光子惯性导航系统（PHINS）。法国 IXSEA 公司开发了一种目前世界上最轻便的水下惯性导航系统——PHINS（XBLUE，2019）。INS 的关键技术是高精度惯性器件制造、惯性系统建模与校标、姿态更新和初始误差的修正。

虽然惯性导航技术在隐蔽性、自主性方面有强大的优势，但严重依赖传感器的精度。目前发展的两种量子定位系统（QPS）是星基导航系统和量子惯性导航系统。QPS 在定位精度和安全性方面有绝对的优势。在量子力学理论所能允许的情况下，每个量子脉冲中所包含光子数目的多少对其精度有着决定性作用。脉冲时延的测量精度可比 GPS 的定位精度高出 2～4 个数量级。此外，在安全性方面，基于量子特征的卫星定位系统可以通过设置量子加密大大提高安全性，在军事方面有着很大的优势。但是，QPS 一般不适用于水下定位。基于冷原子干涉的原子惯性传感技术可用于水下定位与导航，已经被美国国防高级研究计划局视为下一代主导惯性技术，并列为"精确惯性导航系统"（PINS）研究计划。在该计划的支持下，美国斯坦福大学和耶鲁大学成功研制出第一套实验室原子干涉陀螺，随后麻省理工学院研制的原子激光陀螺比其时最先进的陀螺精度高 3 个数量级以上（朱如意，2017）。冷原子敏感器不用其他外部辅助技术就可以达到超高精度导航水平，有望有效解决 INS 随时间漂移问题。

在水下地形匹配方面，美国斯坦福大学与蒙特利海湾研究所开展了基于多波束声呐的水下地形匹配实验，在海试中获得了 4～10 m 的定位精度（Meduna et al.，2008，2011）。日本东京大学和日本海洋工程研究所在鹿儿岛海域进行地形参考导航（terrain reference navigation，TRN）实验，实验结果精度达到了预期目标。事实上，该技术需要更高精度和更高分辨率的全球海底地形图支撑（Becker et al.，2009；Tozer et al.，2019）。

地磁、重力导航通常作为辅助 INS 组合导航使用。地磁导航技术因具有强大的隐蔽性、无累积误差、抗干扰强等特点在多个领域获得研究和应用（周军等，2008）。2009 年，日本使用 AUV 在骏河湾进行了地磁数据和水深数据仿真实验（Kato and Shigetomi，2009）。在重力匹配导航方面，20 世纪 90 年代，美国波尔航太公司成功研制了水下潜器和潜艇导航的重力仪/重力梯度仪；90 年代末，洛克希德·马丁空间系统公司开发了通用重力模块，能够满足潜艇 14 天精确导航的需求（舒晴等，2011）。海洋重力匹配导航需要高精度重力异常图，而全球重力场模型是精化局部重力场、构建重力匹配导航异常图的重要基础模型（Pavlis et al.，2012）。需要指出的是，海底地形和海底重力异常具有很强的相关性（Forsberg，1984；Hirt，2013；Kuhn and Hirt，2016），海底地形匹配导航和海洋重力匹配导航在大尺度范围导航是可行的，但是导航定位精度与地形分辨率和重力场分辨率密切相关。此外，将多普勒测速仪和 INS 组合是解决 INS 的误差累积问题的重要技术途径（Troni and Whitcomb，2015）（表 2-4）。

**表 2-4　国外 AUV 组合导航系统**

| 单位 | 型号 | 用途 | 导航系统 |
|---|---|---|---|
| 美国华盛顿大学 | Sea-Glider | 海洋物理、生化特性研究、海洋环境监测 | GPS+DR+铱星 |
| 挪威 Kongsberg Maritime 公司 | REMUN100 | 海洋环境监测、海底地貌测绘及水雷 | INS+DVL+GPS |
| 挪威国防研究所 | HUGIN1000 | 反潜、海洋环境监察 | INS+差分 GPS+声学定位系统 |
| 英国南安普敦大学 | AutoSub6000 | 深海勘察、探测 | INS+声学多普勒剖面流速仪 |
| 法国 ECA 公司 | Alister100 | 海洋环境调查、水下作战和侦查 | INS+DVL+DGPS+LBL/USBL |

注：DR 指航位推算导航，LBL 指长基线定位，USBL 指超短基线定位。
资料来源：张世童等（2020）

水下协同导航技术是当前西方发达国家 AUV 技术研究前沿领域，但大部分成果仍处于理论探索和原理验证阶段。AUV 协同导航技术是基于网络的导航方式，利用水声通信技术，对 AUV 间的相对位置关系进行融合以提高导航与定位精度。已有研究表明，协同导航能有效抑制航位推算的自主导航误差累积对协同定位精度的影响，使导航的整体定位误差有界。

2006年，美国自主海洋采样网络（marine sampling network，OSN）项目在蒙特利海湾附近海域进行多AUV之间的水声通信及协同定位试验。2009年，欧盟GREX项目完成多AUV协作下的海洋环境测绘任务（Kalwa，2009）。

## 四、综合PNT体系与海洋PNT技术

PNT技术是当今世界大国必争的高技术战略领域，高自主、高安全、高可信的PNT体系是国家重要战略基础设施。卫星导航定位系统是目前应用最广泛的PNT手段，但卫星导航以及其他无线电原理支持下的导航定位易受干扰和遮挡，具有天然的脆弱性。因此，需要解决GNSS无法在室内、深地、深海、深空等场景提供时空信息服务问题。

针对卫星导航的脆弱性问题，当前各种辅助和增强系统或者区域替代系统不断涌现，未来独立于GNSS的PNT新技术还会不断涌现。优化配置各类可用时空信息源和多种PNT技术手段，构建更加泛在、更加融合、更加智能、更加安全的新一代综合PNT体系已得到世界各国和学术界的广泛关注。

数量庞大、种类繁多的PNT系统无序发展，势必造成重复研究、资源浪费、各种PNT系统和装备之间无法兼容等一系列问题。如图2-4所示，美国于2008年提出国家PNT体系架构，并计划在2025年前后构建国家新一代PNT体系，保障国家PNT体系的坚韧性（National Security Space Office，2008）。同时，美国开始研发基于不同物理技术、不同原理和新计算理论的PNT新技术。近年来，美国国防部和交通部联合几十家科研院校及企业，开展微型PNT、量子PNT、深海PNT等一系列研究项目，其核心是建立独立于GNSS的新机理的PNT技术。截至2018年，美国已初步具备了不依赖GPS的对抗环境下高性能PNT服务能力。

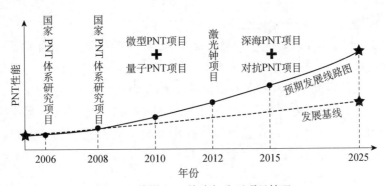

图2-4 美国PNT战略与公开项目情况

2015 年，美国 DARPA 发布了为期四年的"深海导航定位系统"（POSYDON）项目（王璐菲和李方，2015），在海底布放类似于 GPS 卫星的水下声源，用户通过测量与多个声源之间的距离，得到连续、精确的定位，该项目不需要 GPS，并有望取代昂贵的惯性导航定位系统，将为美国水下无人平台提供高效的海洋导航定位服务。2016 年，俄罗斯率先完成了新型水下导航定位系统的研制，并在 2018 年对系统进行了部署和试运行。值得指出的是，我国科学技术部在 2017 年也启动了深海定位导航研究计划，并且已经取得重要研究进展（Yang et al.，2020a；Yang et al.，2021）。

实现泛在的全域无缝连续导航定位，是综合 PNT 体系建设的另一核心目标。小型化、低功耗和深度集成的综合 PNT 终端已成为 PNT 技术竞争的制高点。美国自 2002 年先后启动了 9 个微 PNT 项目，包括芯片级原子钟、微陀螺、微惯导等。2011 年，有学者在《GPS 世界》（*GPS World*）撰文称"微技术时代已经到来"（杨元喜和李晓燕，2017）。近年来，美国罗克韦尔（Rockwell）、Orolia 等公司在 GNSS/INS 深耦合、弹性 PNT 终端设备、GNSS/惯性/时钟共性组件以及即插即用组件终端等方面取得重要突破（Orolia，2019）。

# 第二节　我国海洋大地测量基准与导航技术现状

## 一、我国海洋大地测量基准发展现状

我国在陆地已经建立了相对完备的大地测量基准网，并建立了相应坐标系统，主要包括 2000 国家大地坐标系、1985 国家高程基准和 2000 国家重力基准网等（陈俊勇等，2007；魏子卿，2008；杨元喜，2009），这些基准在国家经济建设和军事应用中起到了重要的支撑作用。

自 20 世纪 70 年代以来，卫星测高技术的发展为测定平均海面高、大地水准面与海洋重力场构建提供了重要手段（李建成等，2001）。近 20 年来，我国海洋大地水准面和海洋潮汐模型精度不断提高（暴景阳和许军，2013；赵建虎等，2015），构建了我国海域 $2'\times2'$ 的重力异常数值模型，模型精度达到 $3\sim5$ mGal[①]。研制了我国全海域大地水准面模型（李建成，2012），同时确定了全球平均海面高模型（李建成等，2001），这些模型为我国高程基准

---

① 1Gal=1cm/s$^2$。

的确定以及地球物理研究提供了重要支撑。

据不完全统计，我国目前拥有70多个海洋长期验潮站，在确定我国多年平均海面、深度基准面以及研究我国近海潮汐变化规律等方面发挥了重要作用。"十三五"期间，我国综合利用沿海及海岛卫星定位基准站和长期验潮站并置观测资料，建立了我国高程基准与深度基准转换模型，转换精度达到15 cm。

近年来，我国海底观测网建设取得了较大进步。2006年，同济大学承担了"海底观测组网技术的试验与初步应用"重大科技攻关项目，并于2009年建成了海底观测试验站——小衢山试验站（盛景荃，2009）。2011年，同济大学进一步推动东海海底观测网的建设，同时，在距陵水基地100 km处布放了第二套岸基光纤探测系统。2012年，我国在陵水基地开始建设首个"南海深海海底观测网试验系统"，由岸基站、2 km长光电复合缆和3个节点组成。2017年，由同济大学牵头建立区域海底观测系统。上述海底观测系统主要用于海洋环境、海洋物理和海洋生物观测，并未涉及高精度海底空间基准观测。

## 二、我国海洋水下定位装备发展现状

我国水声定位导航技术研究起步于长基线定位系统，20世纪70年代末，杨士莪院士牵头完成了"洲际导弹落点测量长基线水声定位系统"（刘俊，2007；孙大军等，2019）。此后，哈尔滨工程大学、中国科学院声学研究所、东南大学、中国船舶重工集团公司第七一五研究所等多家单位在声学定位技术领域都进行了广泛研究（李薇，2004；田坦，2007；宁津生等，2014）。经过20年的努力，我国水声定位导航技术与发达国家之间的差距逐步缩小，为我国水声定位导航产业的发展奠定了技术基础。自我国"十五"计划以来，随着国家在海洋科学、海洋工程等海洋领域的投入增加，水声定位导航的需求急剧增加（吴永亭等，2003）。面向我国海洋领域重大发展战略需求的水声定位导航技术支撑，其需求主要体现在"深、远、精、多"，即"深海底、远距离、精度高、多用户"。2000年，科学技术部国家高技术研究发展计划（以下简称"863"计划）海洋技术领域同步布局了"长程超短基线定位系统研制"课题，该课题于2006年5月在南海进行了深海定位试验验证，作用距离达到8600 m，定位精度优于0.3%斜距（吴永亭，2013）。同一时期，科学技术部设立"水下DGPS高精度定位系统"研制项目，并取得重要进展。浙江省千岛湖试验结果表明，对于水深45 m左右的水域，动态定位精度优于2 m，水下授时精度为0.2 ms。以上技术的发展填补了我国在该领域的空白（李薇，2004）。科学技术部于"十二五"期间安排了"深水高精度水下综合定位系统研制"课题，该课题发展相关的技术和设备，自主研制了水下声学综合定位系统样机（孙大军等，2018，2019），可以在7000 m深海提供高精度定位服务。在深海高精度水声综合定位系统引导下，我国"深海勇士号"载人潜水器于2017年9月29日在南海3500 m深处仅用10分钟就快速找到预定的海底目标。

近年来，得益于国家政策引导和市场需求，水声定位导航行业涌现出一大批技术研发、生产及服务的厂家，如江苏中海达海洋信息技术有限公司、中国科学院声学研究所嘉兴工程中心等。江苏中海达海洋信息技术有限公司自2014年以来逐步推出了iTrack系列的超短基线、长基线等水声定位产品（孙大军等，2019），如表2-5所示。天津大学水下机器人团队研发的AUV，采用捷联式惯性导航系统（strap-down inertial navigation system，SINS）/DVL、超短基线（ultra short base line，USBL）定位系统、深度计、GPS组合导航系统（向晔，2014；胡贺庆，2017），并在2014年进行了初步海试，取得成功。

表 2-5　国内AUV组合导航系统

| 单位 | 型号 | 用途 | 导航系统 |
|---|---|---|---|
| 中国科学院沈阳自动化研究所、中国船舶重工集团公司第七〇二研究所、哈尔滨工程大学等 | 探索者 | 海洋搜救、海底资源考察 | GPS+USBL+SBL+DVL+磁通门罗盘+方向陀螺 |
| 中国科学院沈阳自动化研究所 | CR-01 | 海底矿产资源勘测 | GPS+LBL |
| 西北工业大学 | 海卫-3 | 海底定点作业、科学实验 | INS+DVL+GPS |
| 天津大学 | — | | SINS+DVL+USBL+深度计+GPS |

目前，我国的水下长航时导航主要依靠惯性导航技术，水下惯性导航装备经历了由液浮、静电到激光和光纤的技术发展路线，但发展进程相对滞后。现役装备以液浮陀螺系统和静电陀螺系统为主，激光陀螺惯性系统已完成研制，高精度光纤和量子陀螺系统仍在研制中（陆伟亮，2012）。综合来看，我国惯性导航技术和国外相比还有很大差距，主要体现在INS总体精度和功能特性方面。图2-5给出了国外Phins惯性产品外观图（张世童等，2020）。

近些年来，水下重力匹配也成为研究热点，研究侧重关注实时重力测量与重力匹配导航技术，并研制了重力辅助惯性导航系统（许大欣，2005；李姗姗，2010；王博等，2020）。国防科技大学于2011年进行了惯性/地磁匹配

图2-5　国外海面和水下 Phins 惯性产品外观图

水下导航实验，验证了惯性/地磁匹配组合导航技术的可行性。最近两年，国内学者对匹配算法开展了不少研究工作（王博和马子玄，2019；欧阳明达，2020；欧阳明达和马越原，2020），但是重力匹配导航距离实际应用仍有不少差距。

　　磁力匹配导航与重力匹配导航原理相近，也是水下导航重点研究领域。在水下磁力匹配导航方面，已经取得部分探索性研究成果，但由于海洋地磁基础资料欠缺、分辨率较低、磁力场变化快且易受其他因素的影响，磁力匹配导航实用性仍存在很大差距。2016年，中国船舶重工集团公司第七〇七研究所在国家重点基础研究发展计划（以下简称"973"计划）支持下，完成了永兴岛附近海域两个典型重力场区域惯性/重力匹配组合导航技术的验证试验。

## 三、我国综合PNT体系与海洋综合PNT体系发展现状

　　我国"北斗三号"全球卫星导航系统于2020年全面建成，并于2020年7月31日正式向全球用户开通运行服务。由于卫星导航系统天然的脆弱性，我国近年来提出到2035年建成更加泛在、更加融合、更加智能的综合PNT体系（李冬航，2020）。事实上，早在2018年，习近平向联合国全球卫星导航系统国际委员会第十三届大会致的贺信中就已提到，"2035年前还将建设完善更加泛在、更加融合、更加智能的综合时空体系"（新华社，2018），即国家综合PNT体系。另外，2016年就有国内学者从学术上探讨了国家综合PNT体系建设的必要性，并论述了综合PNT框架及其关键技术（杨元喜，2016），试图构建从深空到深海、从室外到室内无缝的PNT服务技术体系。我国综合PNT体系将在国家层面统一组织协调下实施建设，服务于国防、经济和社会，承担国家时空基准建立与维持、PNT服务与应用等任务（刘庆军等，2017）。如图2-6所示，我国综合PNT体系建设将坚持以北斗为核心、跨域协同、多技术融合的体系化发展路线，从用户终端角度实现微PNT深度集

成和多源 PNT 信息融合。

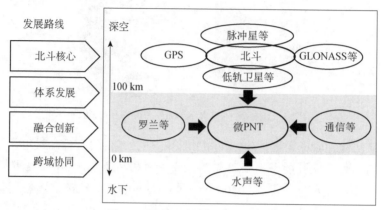

图2-6　国家综合 PNT 发展路线图

目前，我国综合 PNT 体系建设正处于顶层设计阶段，理论和核心关键技术仍然需要攻关，建设任务十分艰巨。综合 PNT 体系涉及各类场景下不同物理原理的 PNT 信息源的最优化配置，系统复杂和工程技术难度大，用户终端或传感器必须深度集成，并实现低功耗（杨元喜，2016，2018），否则，再丰富的 PNT 信息，不能加以有效融合利用，对个体用户而言仍是空中楼阁。因此，在综合 PNT 体系支撑下，还必须实现 PNT 服务信息的智能融合或自适应融合；并要求在统一时空基准下实现 PNT 的高精度、高可靠的服务，即要满足用户 PNT 服务的可用性、精确性、可靠性、连续性和可用性（杨元喜，2016）。

综合 PNT 体系必须包含海洋，尤其是水下这一典型场景下的 PNT 服务。国家海洋综合 PNT 体系作为海洋场景下的国家综合 PNT 体系组成部分，目前也处在理论研究、实验、探索阶段，需要顶层优化设计，需要突破一系列关键技术。我国的海洋大地测量基准、海洋导航定位装备严重落后于地面大地测量基准与陆地导航定位技术的发展，因此，海洋场景下的综合 PNT 体系建设面临更大的挑战、更加艰巨的任务和更多的技术难题。事实上，针对北斗系统的脆弱性问题，2017年，我国也有学者提出构建水下导航定位体系，并初步设计了水下定位导航授时技术路线图（许江宁，2017）。

# 第三节　我国海洋 PNT 最新技术进展

"十三五"期间，我国构建了大地测量基准试验验证系统，取得了许多重要理论与技术成果，突破了海底基准站位设计、制造、布放、标校和维护等关键技术，自主研发了稳固、抗压、防腐、防拖的双信标基准方舱，解决了海底基准方舱放得稳、待得久、测得准的核心关键技术，成功研制了深海导航定位基准核心装备，海底空间基准信标适应 6000 m 水深工作环境，实现了我国海底空间基准核心装备与技术"从无到有"的重大突破。构建的水下弹性 PNT 模型实现了深海海底基准站的分米级静态定位和米级导航定位。

## 一、海底大地测量基准理论研究

"十三五"期间，我国在海洋大地测量理论研究方面取得了丰硕的成果，扩大了我国在大地测量与导航领域的国际影响力，突破了海底大地控制网设计、建立与维护一系列关键技术，构建了水上水下陆海无缝大地测量基准技术体系，在《中国科学》、《测绘学报》、*Journal of Geodesy* 等国内外权威期刊累计发表 SCI/EI 论文 100 多篇，产生了广泛的学术影响。同时构建了虑及海洋地质、水文环境的海底基准站勘选准则，优化设计了海面-海底"双对称"控制网型，改善了海底控制网的精度和可靠性（杨元喜等，2020），还开展了全球海洋重力场模型构建和陆海统一大地水准面模型研制工作，这有利于提升我国的海洋国土资源调控能力和陆海统筹能力，对促进海洋资源科学、合理地分配与使用，以及推动海洋经济快速、有序、可持续发展具有重要现实意义。

## 二、我国首个海底大地测量基准试验网建成

我国在"十三五"期间开展了海底大地控制网建设工作，填补了我国大地测量基准在广阔海域的空白，为国家海底大地测量基准可行性论证提供了技术支持。结合我国目前的装备能力和技术水平，我国海底大地控制网建设的技术指标体系论证包括海底观测精度、点位密度和布网方案优化设计等多个方面，并已经取得一些进展。

我国首次海底空间基准试验团队从山东青岛出发，历时 25 天、行程 7600 km，在南海 3000 m 水深海域首次完成了我国深海海底空间基准构建技术试验，为我国深海海底空间基准建设提供了技术支撑，积累了海底基准工程经验。图2-7为我国科研团队在南海开展深海空间基准建设技术试验现场。

图 2-7 深海空间基准建设技术试验现场

# 三、海洋 PNT 技术装备研发与工程化应用

## 1. 海底基准装备

研制了首批适应海洋环境的多型海底基准站装备，在我国南海海域成功布设了定位精度优于 0.25 m 的海底大地测量试验基准网，实现了我国海底大地测量基准技术零的突破。基准方舱具备稳固、抗压、防腐、防拖曳等特性，解决了海底基准方舱放得稳、待得久、测得准等核心关键技术，实现了我国海底空间基准核心装备与技术"从无到有"的重大突破。

## 2. 海洋 INS/重力匹配导航装备

在 2018 年 9 月 19~23 日第二十届中国国际工业博览会期间，我国自主研制的重力匹配导航系统，作为"地球观测与导航"展区 4 项高新技术成果之一参展，展示了我国重力仪、重力梯度敏感器以及在重力匹配导航系统研制方面取得的最新成果。

重力匹配导航系统能够有效提升水下运载体高精度长航时自主导航能力，该系统历经远洋船载重力测量和多型机载航空测量的应用考验，航程远达东南太平洋，逾 6 万 n mile，历时三年，填补了国内空白。2019 年 7 月，历时 22 天，又圆满完成了南海试验海域海洋重力匹配导航试验验证。系统硬件、软件、核心算法均为自主知识产权。实时重力测量处理精度优于 3 mGal，试验区匹配定位精度优于 1 n mile，达到国际先进水平，为我国水下运载体的长航时、自主、隐蔽导航储备了技术力量。

### 3. 海洋声学导航定位技术装备工程化

近年来，国内团队自主研发了 GNSS-A 综合海底高精度定位软件平台，构建了全球海洋重力异常模型、声线误差修正模型和水下差分定位等一系列新模型，使海底空间基准定位精度显著提高。

哈尔滨工程大学研制的深海高精度水声综合定位系统安装于中国科学院深海科学与工程研究所"探索一号"科考船上，为 4500 m 级载人潜水器"深海勇士号"提供了全航次下潜的定位导航服务，为开展海底地形地貌测量、近底观测取样、海底标志物布放、深海生物拍摄和抓取提供了高精度、连续、稳定、可靠的定位信息。在综合定位系统的辅助下，载人潜水器 10 分钟即找到目标，系统有效率超过 90%，满足了"深海勇士号"载人潜水器的定位应用需求，体现了我国在声学定位方面已拥有独特的技术优势。

海洋牧场不仅能够提高养殖产量和效率，还能固碳，形成"海上森林"生态。近年来，国内开展了海洋牧场水下机器人高精度导航定位研究，取得了良好的应用效果，水下导航定位技术装备实现了北部湾海洋牧场地理时空数据网格化智慧服务平台研发与示范应用成果转化。如图 2-8 所示，目前已完成应用方案设计和设备调试工作，相关装备在广西钦州茅尾海大蚝养殖区进行业务化运行。研制水下定位信标和高精度定位导航算法，建立水下定位导航系统，为海洋牧场水下机器人自动抓捕、潜水等提供位置服务，均是打造现代化海洋牧场新兴产业链所必需的重要技术支持。

图 2-8 海洋牧场水下机器人定位应用

# 第四节 问题、差距与机遇

## 一、问题与差距

### （一）顶层设计与规划问题

我国已形成以北斗系统为代表的天基PNT系统，为国家PNT服务体系带来了革命性变化。但由于卫星导航系统的固有弱点与脆弱性，其无法为水下用户提供PNT服务。发展水下PNT，完善其技术体系，可为水下载体提供实用高效、安全可靠的PNT服务，满足国家安全、经济、环境、科研和商业对水下PNT信息日益增长的需要。因此，构建完整的国家PNT体系，必须构建具有特色的水下PNT体系。但是，时至今日，水面、水下综合PNT体系顶层设计的最优化和可用性还存在很大差距。

我国水下PNT服务体系只有与国家陆地和空间PNT体系同步开展顶层设计，才能实现协调发展。因为水下PNT体系建设涉及领域多、水下环境复杂，同时涉及的导航授时技术复杂，具有明显的综合性强、跨专业、跨领域、学科交叉等特点。水下PNT与海洋测绘、水下通信、海洋工程等多个专业领域深度关联，涉及军民多方应用需求，若由各领域分散独立建设，必然出现重复建设、标准不一、成果共享难等问题。因此，需要在国家层面加强顶层设计、统筹规划、优化资源配置，实现水下PNT体系协调发展。

水下导航定位用户对定位导航的可靠性、连续性和完好性都有极高的要求。因此，必须构建基于多机理互补、多传感器深度集成的海面、水下综合PNT体系，兼顾军民应用，为海面和水下载体的安全航行、控制、通信提供可靠支持，也为水下隐蔽导航以及水面、水下导航对抗提供重要支持。

### （二）陆海基准体系建设问题

中华人民共和国成立以来很长一段时期，我国社会经济发展主要面向陆地及海岸带区域，国家空间基准建设的重点也主要集中在陆地。最近十几年来，我国海洋开发活动日益增多，对陆海基准统一和海洋导航定位需求旺盛。然而，我国海底基准建设一直处于空白状态，与发达国家相比存在巨大差距。

我国陆海基准尚未形成统一体系。目前我国陆地采用1985国家高程基准，而海洋测绘一般采用深度基准面，两者缺少有效衔接。虽然建立了相应高程基准和深度基准的转换模型，但模型精度、分辨率和覆盖范围仍不能满足陆海地理信息整合与陆海统筹应用需求，更不可能满足走向远海的空间基准需求。此外，我国现有海底观测网络缺少必要的空间基准观测，虽然正在策划和探索海底大地测量基准建设，但如何确保在理论技术体系、框架建设体系和服务体系与国家现行空间基准保持一致，满足各种陆海地理信息整合与陆海一体化应用需求等问题，仍然值得高度关注。

我国深海海底工程建设方面起步较晚，工程装备和技术储备不足，经验积累欠缺，与美国、加拿大、日本、欧洲等海洋发达国家和地区相比，无论是在理论方面还是在技术装备及工程实践方面，都存在明显差距。国内深海装备和技术力量比较分散，部门、行业需求各异，多头规划、多头建设现象依然存在。因此，必须调集国内多个部门的技术力量和资源，统筹设计、建设国家海洋大地测量基准体系，甚至将海洋大地基准与水下导航定位体系筹考虑，建立与陆地基准统一协调的海洋大地基准，建立与北斗系统衔接的水下导航系统。

### （三）海洋立体观测与数据处理问题

我国全球海洋地形、重力、磁力、潮汐等基础数据观测技术相对落后，技术手段匮乏，海洋温盐深流等海洋环境监测技术能力不足，将成为制约我国海底基准研究理论水平和水下导航定位精度的重要因素。尽管我国建设了多个基础海洋物理观测网络，但无论规模还是数据分辨率仍不能全面满足海洋物理模型建设需求，从而制约了海洋声呐导航定位精度和地球物理场匹配导航装备应用。

水下导航误差模型机理认识不清，缺少精确的多源导航函数模型和环境自适应的随机模型，自适应融合智能算法有待发展。不同海水剖面，不同时间，水声速度有所不同，如何构建水声观测的弹性函数模型和弹性随机模型需要研究；当存在多类水下观测传感器时，如何构建弹性数据融合模型和算法也需要深入研究。

### （四）海洋导航定位装备问题

我国虽然在水下导航定位装备研制和水下定位关键技术方面取得了许多重要成果，但在水下导航定位装备系列化、集成化、小型化等方面还有很大的发展空间。国产水下导航定位装备所需的高精度传感器主要依靠进口，核心元器件仍然存在国外封锁风险。当前核心部件受制于人,如高灵敏度水听器、声学数模转换芯片等水下高精度定位核心部件自主研发能力不足,已成为我国水下导航定位技术实现自主发展的最大阻碍。

此外,为了实现水上、水下无缝导航定位,多源PNT传感器,如声呐、重力、惯导等多传感器弹性化、微型化、优化深度集成技术有待突破。因为要解决复杂海洋环境下的连续、高精度、高可靠性导航定位问题,离不开多传感器集成和集成导航(组合导航)及融合导航。我国虽然在匹配导航、惯性导航和声学导航等装备研制方面取得了一些重要成果,但多数装备小型化、标准化和工程化水平不足,制约了多传感器集成及其导航信息融合的深度和水平。

我国在水声定位设备的自主研发能力方面也有很大进步空间,多数国产海洋装备工程化应用尚处于起步阶段。因此,在加强国产高端声学定位设备研发的同时,需要极力推动我国声学定位装备的产业化发展。此外,国产导航装备多属于中低端产品,高端重、磁、震、声等装备大多数依赖进口,除极个别产品外,多数产品距离国际先进水平至少差距5~10年。惯性导航、水声导航装备研究和应用存在许多不足,重力、磁力等地球物理场匹配导航技术离工程化、实用化还有一定距离,核心传感器制造关键技术尚未突破。

## 二、机遇与挑战

### (一)国家综合PNT体系建设给海洋大地基准与导航带来的新机遇

我国正在进行国家综合PNT体系建设需求、建设目标、建设内容、技术路线等论证。首先从顶层分析了我国现有导航定位技术体系存在的差距和短板,明确了从深空到深海无缝PNT服务的总体建设目标,厘清了优化组合多机理PNT技术、优化配置各类PNT信息源的总体建设思路,然后明确指出海底PNT服务是国家综合PNT体系的重要组成部分,而且是重点建设内容,这些规划和设计,为实现国家海洋PNT体系与国家综合PNT体系一体化整体设计和统筹建设打好了重要基础。

此外,国家海洋战略的实施、海洋活动的增加、海洋权益的维护以及其他国家核心利益的拓展,为海洋大地基准与海洋导航定位体系的发展提出了新的需求。近年来,量子导航、高性能计算、人工智能等快速发展,给未来综合PNT体系及海洋PNT体系建设提供了更多解决方案,尤其以量子导航、微惯导和芯片级原子钟等为代表的颠覆性PNT技术的发展方兴未艾,为海洋场景综合 PNT 体系的多机理组合方式和多传感器技术聚合模式提供了技术途径。

### （二）北斗卫星导航基础设施给海洋大地基准与导航带来的新机遇

近年来，我国北斗系统迅猛发展，全球系统已基本建成，应用服务水平和能力稳步提升。自 2004 年我国正式启动北斗系统建设以来，到 2012 年，北斗系统已正式向亚太地区提供连续无源 PNT 服务（杨元喜，2010）。2018年"北斗三号"全球卫星导航系统的基本系统正式建成，基本星座包括 18 颗卫星，初步实现了北斗系统的全方位服务（Yang et al.，2019）。2020 年 6月，我国"北斗三号"星座全部建成，2020 年 7 月 31 日"北斗三号"全球卫星导航系统正式向全球提供 PNT 服务，全球水平定位精度优于 4 m，高程定位精度优于 6 m（Yang et al.，2020b）。"北斗三号"提供的星基精密单点定位可提供分米级定位服务，甚至厘米级定位。此外，2014 年 12 月，我国主导的国际 GNSS 监测评估系统（iGMAS）初步建成，成为全球首个涵盖 GPS、GLONASS、BDS、伽利略导航卫星系统（Galileo）四大卫星导航系统的监测评估综合服务平台。iGMAS 不仅监测评估四大 GNSS 供应商的 PNT 性能，而且监测评估其信号性能，iGMAS 促进了各国 GNSS 之间的兼容与互操作，对促进 GNSS 整体性能提升发挥了积极作用。

北斗系统的建设以及国家 2035 年综合 PNT 体系的建设，为构建以北斗系统为核心、水下声呐、惯导、物理场匹配、几何场匹配等多技术融合的海洋综合 PNT 体系奠定了坚实基础，可望为各类海洋用户提供高安全、高可靠、高连续的高性能 PNT 服务。

### （三）物联网、人工智能给海洋大地基准与导航的智能化带来的新机遇

未来 10 年，世界新一轮科技革命有望取得新成果。新一代移动通信技术的发展将极大推进物联网、大数据技术的发展和壮大，大数据又会极大推动人工智能领域的发展，而这些技术又会进一步带来 PNT 市场形态和 PNT 应用服务模式的显著变化。星基互联网技术、人工智能以及量子 PNT、微 PNT 等新兴 PNT 技术的融合发展，可能为海洋 PNT 的发展提供新的机遇和途径；国家海洋物理及环境观测系统、海面机动定位浮标技术的发展，也可能成为我国海洋 PNT 体系发展的新技术领域。

尽管近年来我国在卫星导航定位技术领域取得长足发展，同时也提出了

国家下一代综合时空体系建设构想，并且正在开展海洋空间基准建设，但仍存在一些挑战和技术不确定性，主要包括以下几方面。

第一，我国海洋 PNT 体系建设刚刚开始，少量的零星研究工作多处于国际"跟跑"阶段，其关键技术研究和试验验证工作基本处于空白状态。

第二，如何结合国家重大战略，兼顾各行各业以及各类用户的差异化需求，寻求适合我国国情的海洋 PNT 体系架构和发展蓝图，还有待深入研究。

第三，水下观测网、水下互联网、水下物联网等建设一定会促进海洋 PNT 体系建设和水下 PNT 服务模式的变革，但是所面临的技术挑战是巨大的。水下通信本来就困难重重，没有强大的水下通信能力，就不会有水下互联网的重大进展，没有水下互联网就不会有水下物联网，没有水下互联网和物联网，就不可能有水下综合 PNT 服务模式的重大变革。

第四，我们还将面临长期而复杂的西方科技封锁和壁垒，必须在基础理论和高精尖战略技术领域有所储备，从而扭转当前及今后海洋 PNT 技术领域受制于人的被动局面，也为我国海洋 PNT 体系工程建设提供自主安全可控、灵活高效廉价的工程建设方案。值得警惕的是，美国商务部工业和安全局（BIS）从 2018 年开始对十四类高技术产品实行出口管制，其中第三项就是 PNT 技术。

# 第三章

# 海底大地测量基准建设
# 难点问题及发展途径

在广阔的海洋上开展海洋大地测量基准建设成本巨大,如何兼顾近期和长远发展目标,统筹利用现有基础设施和资源,优化配置多种海底观测技术手段,节约高效地构建实用时空基准体系,已成为我国海洋综合PNT体系建设必须面对和考虑的问题。此外,海洋大地测量基准建设主要面临深海基准站建设与维护、海底基准站勘选布放以及水下精密定位等难点问题。本章主要探讨我国海底大地测量基准发展的原则、策略和技术路线。

## 第一节 海底大地测量基准建设难点问题

### 一、基础设施建设与维护成本

海底大地测量基准设施建设与维护成本远高于陆地,不仅海底观测设备价格相对较高,而且海上作业成本高昂,特别是深海区域作业周期长,需要依托大型船舶平台。因此,首先需要充分认识到海底大地测量基准设施建设的艰巨性和长期性,充分利用现有地面、海面大地测量基础设施,加强海底控制网优化设计及其建设的层次性,提高海底大地控制网的整体性能。此外,需要持续开展技术革新(如海底观测设备能源供给技术、点位复测技术、机动维持技术等),降低海底大地测量基准观测与维护成本。

需要强调的是,统筹兼顾地质、地球物理、海洋环境、生物及化学等海底多学科观测目标,实现多观测平台"合一建设"、观测平台维护航次共享,就成为分摊海底观测基础设施建设成本、提升海底观测网络整体功效的重要途径。

## 二、海底大地控制网勘选

海洋大地基准站勘选需要考虑海底基准站的可安置性、可观测性、稳定性、信号通达性等要素。海底控制点需要具有长期可安置性和可观测性,其点位勘选对海底地形地貌和地质条件等都有严格的要求,需要在综合勘查和稳定性评估的基础上,确定基准站位置选取。海底基准站布设对测量船和基准站布设平台提出了很高的技术要求,同时困难海域施工对我国现有的海洋工程建设技术也是一个严峻的挑战。

海洋大地测量基准稳定性是坐标基准框架点的最基本要求。如何勘选海底基准站,并判断其稳定性,具有相当大的难度,尤其是在3000 m以下的深海区域。因此,为了确保海底基准站长期稳定可用,需要发展海底基准站运行状态监测技术,发展海底空间基准方舱设备原位维护、空间位置标校复测和站址稳定性监测分析等技术。

因此,需要探索可行的海洋大地测量基准组网设站方案,通过有缆和无缆最优结合的方式,实现网的密度和层次结构的优化设计;通过海底地质和海底地形勘查,确定最佳设站位置。由于我国海域距离跨度大、海底地形复杂、最大水深达数千千米,我国全海域海洋大地测量基准工程勘选和工程建设将面临巨大难题与挑战。

## 三、海底空间基准维护

海底基准站的可维护性要求基准站方舱要具备沉得下、放得稳、浮得上等功能,便于方舱各传感器的维修、器部件更换、电池更换等;海底方舱还必须具备抗压、防腐、防拖曳等性能,因此对海底基准站方舱设计具有严格要求。这里涉及海底方舱的防腐材料、构型结构、浮力装置、下沉装置等环节的关键技术。

海底基准装备的能源供给是另一个难点问题,涉及供能、节能、换能、充能等设计理念。为此,一方面需要解决水下长期能源供给瓶颈问题,另一方面需要发展节能高效的海底空间基准"唤醒式"时空基准服务模式。

海底大地控制点还必须具备长期可观测性,长期可观测性是可维持性的重要组成部分，是海底基准站或导航信标点的基本要求。一方面，海底基准站易受洋流、涡流、地质变化等自然环境的影响而发生移动，需要长期监测其运动；另一方面，要想获得高精度点位坐标，必须进行长期观测或定期、不定期复测。此外，海底基准站还需要具备水下导航信标点的功能，因此也必须具备长期可观测性。

海底基准站无论采用主动或被动声呐进行定位导航都需要电源。有缆基准站的供电不是问题，但是布点范围受限严重，基准站几何结构优化设计也受限制，且缆线敷设成本高昂；无缆海底基准站的长期能源供给是海底基准建设的技术瓶颈问题，关系到海底大地控制网能否正常运行。因此，需要研究待机时间长、持续工作时间长、可自发电或可方便更换电池或充电的海底基准站方舱。

## 四、多源海洋大地测量观测融合

海洋大地测量基准建设需要综合陆地、海洋等多源PNT感知信息，多源重力场资料，潮汐、海面测高等多源大地测量观测数据。多源数据融合不仅对陆海基准统一至关重要，同样对陆海时空基准服务的一致性、连续性至关重要，也是解决全海域海洋深度基准面统一及其与高程基准面转化的重要技术途径，因此需要解决多源多期大地测量基准观测数据的融合难题。

不同的海洋环境对不同观测的影响不同，因此，首先，需要综合海洋气象、海洋温度、盐度及声速场层析观测等信息，构建海洋声呐导航定位所需的各类误差修正模型，并融合GNSS、声呐和海洋环境观测资料，提高海洋空间基准观测精度；其次，需要融合海面浮标、海洋重力、磁力、海底地形、海洋水文等多源观测信息，建立高精度的海洋潮汐模型、海洋重力场模型、平均海面高模型、海洋磁力模型、海底地形模型等，为用户导航场景模拟以及各类匹配导航提供准确可靠的海洋几何和物理背景环境场与匹配场信息；最后，需要突破海洋位置服务信息推送技术和海洋匹配导航定位关键技术，为惯导、重力、磁力、地形匹配导航的多源PNT信息融合提供技术支撑。

# 第二节 海底大地测量基准建设的基本准则

海洋大地基准建设框架不仅要服务于海洋水下、水面 PNT，还要顾及海洋大地基准服务于海洋物理观测、海洋环境观测、海洋勘探工程、海洋地质监测等领域，因此，海底大地测量基准建设必须顾及海洋科学与海洋PNT体系发展全局。考虑到我国海洋大地测量基准发展现状和2035年国家综合PNT体系建设需求，我国海洋大地测量基准体系建设应遵循以下基本准则。

（1）陆海基准一体化准则。海洋大地基准建设不能脱离已经被广泛应用的现行中国大地基准框架，必须构建与陆地大地基准的坚强联系，实现陆海大地基准的统一。为此，海底大地测量基准站测定必须依赖海面北斗/GNSS、声呐定位技术，利用海面北斗/声呐集成传感器测定海底大地点的坐标，以确保海洋大地测量基准与陆地基准无缝连接，即确保与2000国家大地坐标系的基本一致性。此外，为了确保陆地1985国家高程基准与海底大地高程基准的兼容，还必须以1985国家高程基准为基础，测定海洋大地水准面和海洋深度基准面的关系。为了控制海底基准站运动以及声呐延迟的系统误差影响，需要构建适用于不同海区的声呐观测模型和海底地壳水平及高程运动模型。海底压力计则需要通过校正，统一到海面潮汐观测基准上；海底重力、磁力观测也应与陆地重磁观测保持基准一致性。

（2）多学科目标协调性准则。海洋大地测量基准建设需要兼顾海洋测绘、海洋地质以及海洋环境监测等多学科目标，特别是需要满足海洋PNT体系建设需求，确保国家海洋大地测量基准满足各类用户的最大共性需求。海底大地测量基准本来就应该是其他海底观测网的空间基准，因此在构建点位分布合理、疏密有致的海底大地测量整体网时，必须考虑对其他海洋观测网络的支持，以及对全部海洋活动位置基准的支持。在"陆海基准统一"框架下，统筹建立太空、陆地、海面、水下和海底的多层次立体时空基准观测网络，并充分考虑和兼顾海洋环境监测、海底观测、海洋灾害监测等多方需求。如果可能，尽量将多技术并址观测，这更有利于多观测技术的信息共享、数据融合，实现海洋空间基准基础设施的共建、共享，从而实现国家海洋时空基准设施建设的效益最大化。

（3）军用民用兼容性准则。海洋权益是国家利益，是需要军民共同维护的利益。海洋大地测量基准具备军民融合建设的所有属性，属于军民融合建设范畴。因此，海洋大地测量基准体系建设，必须兼顾军民应用，可以军建民用，或民建军用，或共建共用。作为水下高精度导航定位，海底基准信标的声呐定位导航可以高精度标校惯性导航的累积误差，因此可以从海底大地控制网建设入手，利用基准网主动信号发射或基准站被动转发信号，为水下载体导航定位甚至定时（如果基准站具备高精度原子钟）。

（4）区域与全球相容性准则。随着海底观测技术的不断进步和发展，未来有望形成"全球海底一张网"。因此，一方面，需要区域基准尽量采用国际地球参考框架基准或明确基准转换关系；另一方面，可通过国际合作方式，加强世界各国区域海底大地测量观测数据、成果和服务的标准化。

# 第三节　海底大地测量基准发展途径

## 一、多学科、多领域融合发展

海底大地测量基准几乎涉及全部大地测量学科分支，包括几何、重力、高程、深度、潮汐、动力等分支，注重与传统陆地大地测量学科和海洋大地测量学科体系的融合发展。海洋大地测量基准体系应涵盖空间基准、重力基准、高程基准及海洋垂直基准；海洋位置服务系统应面向海洋航行安全、海上救援、国家主权与海上维权等应用领域，提供各类海洋时空信息服务。

海底大地测量基准建设需要多学科交叉，单一学科不能完成涉及海洋环境、海洋地质、海洋地球物理、海洋测绘等多学科交融的海底大地测量基准建设任务。因此，海底大地测量基准建设需要充分利用现有海洋基础设施和观测手段，充分利用已经认识的海洋地质和海洋地球物理背景，充分利用我国已经和即将开展的各类海洋观测网络及智慧海洋工程等建设项目，特别是充分利用现有沿岸陆地、海岛及海面浮标、航标、海洋气象等现有海洋观测基础设施和空间信息资源。在此基础上，开展适合我国国情的海底大地控制网络再设计，降低海底基准工程建设成本，提高工程建设水平和质量。

注重与国家海底观测学科领域的融合发展，充分利用现有海面观测平台和海底有缆观测平台，实现多源海洋信息传感器进行并置观测（如气象、水文、海洋温度和盐度等），为构建海洋导航定位模型提供丰富的数据资源，实现时空信息和海洋信息的高度集成与整合，提高海洋大地测量观测系统的整体效益和服务水平，这也是解决海底大地测量基础设施建设成本的重要途径。

## 二、急用先建，分步实施

我国海洋大地基准建设"欠账"太多，整体建设全球海底大地测量基准并提供水下PNT服务困难重重，因此必须优化顶层设计，采用急用先建、分步实施的原则。

我国海洋大地测量基准建设既要考虑眼前，也要顾及长远，因此我们建议在近忧与远虑两个方面平衡考量，近期优先建设南海和东海海底基准框架，然后逐步向远洋拓展。针对全海域有效覆盖和精度协调性问题，我们建议充分考虑包括沿岸陆地、海岛支撑的陆基导航定位基础设施，海面浮标辅助的海面基准基础设施，海底控制网为支撑的海洋时空基准基础设施架构。此外，还要充分利用多频段声呐观测技术，既要确保重点海域的高精度导航定位授时服务，又要顾及大范围海洋导航定位的有效覆盖。

建设策略采用以点带面、分步实施原则。海底大地控制网建设应综合优化布局，总体采用均匀布网方式，考虑到海洋大地测量基准站以声信标为主建设，而声信标作用距离有限，全海域等密度布设投入巨大，实施起来也存在较大困难，为此，先期建设应重点考虑在南海及重要通道构建海底大地控制网，并逐渐积累工程建设经验和储备技术，为全面完成开展国家海底基准建设奠定基础。

解决海底大地测量观测网建设关键技术问题，开展海底大地测量观测精密数据处理理论与技术研究，争取通过15年的努力形成独具特色、完全自主可控的水下参考框架点建设与维护技术体系，初步建成海洋大地测量基准体系。我们必须立足于我国现有研究基础和资源，加强海洋大地测量基准理论研究，力争通过两个五年规划，破解我国海底大地测量基准建设面临的理论难点问题、关键技术瓶颈及工程技术难题。其中，"十四五"期间开展海洋大地基准建设的理论与技术实践，实现国家陆海基准统一，优先开展近海海底大地测量基础设施建设；"十五五"期间初步建成与2035国家综合PNT体系相配合的海底大地测量基准基础设施。

## 三、军民融合，共建共用

海洋大地测量基准不仅要服务于国防安全需要，还要服务于国家经济建设需要。在现有技术储备和资金支撑能力下，兼顾国防建设需求和国家经济建设需求，优先解决国家安全、海洋权益和贯彻海洋强国战略等方面的迫切需求，侧重建设同时满足国防建设与经济建设双重需求的大地基准及其水下导航定位服务体系。我国海洋大地测量基准建设可考虑以下总体布局方案。

（1）围绕我国南海、东海以及第一岛链的战略需求，建设一定数量的海底基准站，为国家安全、海上维权以及舰船、潜艇等海上力量等提供战略支撑。

（2）在国家"21世纪海上丝绸之路"沿线建立一定数量的海底基准站和

GNSS浮标，服务于全球地理信息资源建设、海洋工程建设以及航行安全保障。

（3）在国家海洋经济开发重点海域、重要航道建立一定数量的海底基准站和GNSS浮标，为水下地形测绘、海洋工程建设以及海洋资源开发等提供必要的技术支撑。

## 四、从理论到应用全链条攻关

水下定位导航技术是海洋大地测量基准建立与维持的技术手段，海洋大地测量基准还可以作为水下导航定位的时空参考框架，甚至作为水下定位导航的主要参考信标，二者互为协同、互为补充。因此，在顶层设计阶段就必须统筹协调、系统规划，提升我国海洋大地基准建设水平和应用效率，以及水下定位导航与中国大地基准的一致性。

如图3-1所示，海底大地控制网由一组布放在海底的基准站构成，它类似于GNSS星座，为水面及水下用户提供 PNT 服务，同时也用于监测海底板块运动和海洋环境变化。

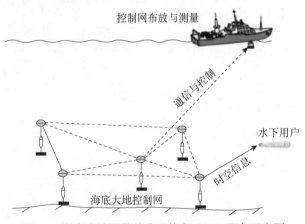

图3-1　海底大地测量基准及其水下PNT服务示意图

海底大地测量基准建设作为一个全新的大地测量领域，同时也是PNT基础设施建设的新领域，我们需要从理论和实践两个方面开展以应用为牵引、从理论原理到技术装备的全链条联合攻关，实现海洋大地测量基准构建理论突破、技术创新和集成应用，全面解决海洋大地基准及其水下PNT服务建设的一系列关键技术问题。

在海洋大地测量基准建设技术路线方面，为了实现陆海大地基准的统一，需要构建GNSS定位和声呐组合定位的技术体系，实现海底大地控制网布测、海底参考框架维持、陆海基准无缝连接；需要构建多源数据融合处理技术体系，实现 GNSS 与声呐观测和其他物理海洋观测信息的最佳融合；需要构建海底大地测量基准的动态监测技术体系，实现海洋大地测量基准的长期监测与维持；需要构建海洋大地基准监测与数据处理软硬件平台，实现海洋大地基准建立、维持、服务的可持续发展，其技术体系如图3-2所示。

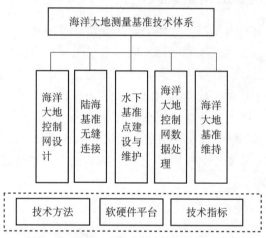

图3-2　海洋大地测量基准技术体系示意图

# 第四章
# 海洋 PNT 体系建设难点及发展途径

海洋PNT体系建设首先需要解决水下PNT信息源建设问题，包括多频多模声呐导航定位信息源以及匹配导航信息源建设，即在国家海底空间基准建设基础上，完成水下综合PNT信息源建设。海洋PNT终端技术则需要优先解决海洋多PNT传感器深度集成、多源PNT信息融合等关键技术问题，实现海洋PNT弹性化。本章主要探讨我国海洋PNT体系的建设难点、发展的基本准则与发展途径。

## 第一节　海洋PNT体系建设难点

### 一、水下PNT信息源建设

水下PNT信息源匮乏是制约水下PNT体系建设的难点问题。虽然声呐信号是一种有效的水下PNT信息源，但受海洋环境影响，海洋声呐信号传播存在复杂、延迟、弯曲和反射等现象。高频声呐虽然精度高，但信号衰减严重；低频声呐虽然作用距离长，但测距精度极低。因此，如何优化配置海面、水体以及海底多频多模声呐，就成为未来海洋声呐导航定位体系发展亟须解决的难点问题。

受海底声呐信源空间分布所限，很难实现数百千米到上千千米大范围高精度导航定位信号覆盖。因此，如何兼顾用户自主PNT、重磁匹配导航等技术手段，实现全球范围内水下用户高精度导航定位服务，就成为水下PNT体系建设的难点问题之一。在国家海底大地测量基础设施基础上，通过再设计，加强海面、水体、海底立体导航定位基础设施建设，实现海洋时空基准网络节点的通信、导航及海洋环境监测的多技术融合。

高精度海洋匹配导航离不开高精度、高分辨率的海洋重力场、海洋磁力场以及海底地形等信息源支撑。但短期内获取全球范围内的重力、磁力以及海底地形等几乎不可能，为此，需要结合匹配导航所需的特征要素，有重点地开展区域重力、磁力以及海底地形测绘，并与海洋声呐导航定位服务网络的覆盖范围和能力有机结合起来，从而破解全海域高精度导航定位难题。

## 二、海洋弹性PNT终端小型化

单一导航定位系统无法满足用户对高连续、高可靠、高完好PNT的需求，因此需要挖掘各类水下导航定位信息源，尤其要充分利用各种微PNT的技术优势，解决用户PNT终端多源信息弹性集成、弹性融合、智能应用等关键技术，从而构建弹性化、智能化PNT服务体系。为此，需要探讨多PNT传感器深度集成技术，研制多PNT传感器弹性集成终端。深度集成有助于减小终端体积，降低功耗，提升集成PNT终端性能。弹性集成要求确保PNT终端面向不同应用场景和应用需求时，自适应选配最合适传感器信息，实现不同场景增强PNT服务。

海洋水下PNT终端需要随机或自适应应用场景接入多源PNT感知信息，才能实现水下PNT感知的高连续、高可靠。但是多源PNT信息的接入，一方面，可能增大终端体积；另一方面，必然会增加功耗，增加成本。因此小型化、便捷化水下PNT终端是实现水下多功能PNT终端的重要前提。这里，涉及多源传感器的集成和PNT终端的信息接收、场景识别感知、传感器智能聚合配置与系统快速重构等技术环节。

水下PNT终端为水下运动载体提供定位导航服务，因此除了必须发展具备自主导航定位功能的多源PNT终端外，还必须探索PNT终端与水下潜器、水下滑翔机等国产装备的有效集成。这里涉及的主要技术难点包括：①实现高度集成化、小型化、低功耗、低成本、高灵敏性的PNT终端设计与制造技术；②多传感器集成装备的兼容性与互操作性问题；③自适应融合和智能化位置服务软硬件设计问题等。此外，弹性化、智能化的深度集成技术也是水下PNT终端发展的主要方向。水下弹性PNT终端的自主可控问题也必须作为水下PNT基础设施和终端研发的重点。

### 三、用户端多源 PNT 信息弹性融合

多源 PNT 信息弹性融合的目的是自适应各类导航定位环境误差以及各类异常，确保用户 PNT 信息的高可用、高连续、高精度、高可靠和高完好。因此，各类复杂环境下模型误差和异常的探测、识别和自适应就成为首先要解决的问题。海洋多源 PNT 信息融合需要探索优化的、智能的、快速的数据融合准则与数据处理方法，如具有待估参数的弹性函数模型参数估计问题、带有不确定函数模型的观测随机模型优化问题、同时优化函数模型和随机模型的多源数据融合准则问题。

海洋多源 PNT 信息融合首先要解决函数模型优化问题。我们知道，海洋 PNT 是集信息技术、网络技术和海洋观测与信息融合技术于一体的应用服务系统，海洋多源感知信息的随机模型优化也是影响多源数据融合的重要因素。需要根据各种环境下各类感知信息的不确定度构建各类观测信息的随机模型，因此快速、精确确定多源（尤其是不同物理原理条件下）观测数据的随机模型也是海洋 PNT 多源数据融合的难题。需要指出的是，优化调整随机模型也是解决和克服观测异常干扰、系统故障以及欺骗的重要手段。

### 四、海洋 PNT 服务网络构建

立足从深空到深海 PNT 信息服务，必须优化配置水下声呐通信技术、地面无线电技术甚至是卫星通信技术，从而及时有效地将云端 PNT 服务信息传送到水下用户终端。此外，需要确保服务器云端的坚韧性和灵活性，从而确保水下 PNT 服务的坚韧性和灵活性，为此，需要发展基于云平台的水下服务端体系架构。同时，为解决 PNT 服务信息的有效性和安全性问题，可考虑综合运用分布式存储、分布式计算以及边缘云计算甚至区块链等技术。特别需要强调的是，要建设具备复杂环境的 PNT 服务能力，发展具备强对抗条件下的 PNT 服务模式。

# 第二节　海洋 PNT 体系发展的基本准则

海洋 PNT 体系是国家 PNT 体系的重要组成部分，需要加强两者的一体化设计、兼容性设计、互操作性设计，并确保两者协调有序健康发展。海洋 PNT 体系发展的基本准则大致包括以下几方面。

（1）陆海无缝导航准则。对于水下用户而言，水下声呐只能提供其相对于海底信标的相对位置，如果海底信标的坐标基准为国家统一大地基准，则通过海底信标和声呐观测确定的水下载体的位置即为国家大地基准下的位置；水下惯性传感器导航也只能提供相对位置或位置差，用于惯导系统误差标正的海面 GNSS 参考基准或水下大地控制网决定了惯性导航的空间参考基准。因此，需要在国家海洋大地测量基础设施基础上，发展"接力式"海底导航定位基站、水体机动潜标以及海面机动浮标等，并将这些海洋导航定位基准站纳入国家时空参考框架，从而为水下 PNT 用户提供更加丰富、更易获取的时空基准参照。

（2）与北斗系统兼容和互操作准则。我们认为，在当前形势下，必须建成以北斗系统为核心、全域时空统一、陆海无缝的海洋 PNT 体系，形成从空间到深海海底的全球广域覆盖、连续可靠的导航定位能力，满足水下各类军民用户需求。因此，要实现海洋多传感器弹性 PNT 服务，首先需要水下导航定位与北斗系统导航定位具备互操作性，如此才能与地面导航定位体系兼容和互操作，实现地面、海面和水下真正的无缝、连续导航定位。

（3）前瞻性与实用性协调发展准则。发展海洋 PNT 体系必须顾及国家海洋战略的长远发展目标，在考虑水下导航技术的前瞻性和先进性的同时，还要考虑实用性和可持续发展。因此必须以政策为引导，以市场需求为驱动，大力发展海洋微 PNT 技术，发展小型化、实用化的国产海洋导航定位装备，确保水下自主导航与多传感器组合导航、融合导航各展所长，构建稳健、高精度的海洋大地测量基准数据处理及多源信息融合导航模型与算法。在国家现有行业标准基础上，建立前瞻性、科学性和实用性的海洋导航定位产业和技术标准体系。加强国产海洋导航定位装备技术标准与知识产权申报及转化，吸纳企业参与海洋大地测量基准与应用技术标准的制定，了解国际动态并积极参与国际标准化相关事务和工作。

（4）军民兼容性准则。海洋导航既有大量民用用户，也有重要的军事应用需求。海洋 PNT 体系也具备军民融合建设的所有属性，特别是海洋导航定位基础设施，存在显著军民融合共建共用特征。因此，海洋 PNT 技术体系在满足海洋经济开发、"21 世纪海上丝绸之路"等需求基础上，需要从水下长航时导航角度，围绕主要海洋航道和军事战略支撑点，建设一定数量的水下导航定位基础设施，服务于水下长航时隐蔽潜器惯导误差校准。

# 第三节 海洋PNT体系发展途径

## 一、纳入国家综合PNT体系建设框架

考虑海洋导航定位基础设施建设成本和空天海 PNT 体系的兼容性，海洋PNT 体系建设首先需要满足国家综合 PNT 体系建设需求。由于整体建设全球水下 PNT 服务体系困难重重，因此必须优化顶层设计，坚持与国家综合 PNT 体系协调有序发展的总体路线，实现多技术手段并用、多部门合作、现有及新建基础设施和资源共享，解决从近海逐步向远洋乃至全球海域的有效覆盖问题。

根据国家综合 PNT 体系顶层发展规划，如图4-1所示，针对水下 PNT 手段单一、基础建设薄弱等瓶颈问题，以国家和军队现有军民融合资源为基础，构建国家海洋综合 PNT 体系。国家海洋综合 PNT 体系基础设施必然是多层次、分布合理、稀疏有序、精度协调的基础设施体系，既考虑近海，也顾及远洋；既考虑水面，也顾及水下，并且侧重考虑水下 PNT 服务体系建设。

此外，还要坚持边研究边实践、边设计边建设的方针路线，力争在2035年前完成我国海洋场景综合 PNT 体系建设，最终形成从深空到深海一体化通联的2035年国家综合 PNT 体系。对于广阔公海海域，可考虑将国际科学合作渠道纳入海洋场景国家 PNT 体系建设框架。

必须指出，海洋综合 PNT 体系不仅要实现与国家综合 PNT 体系的整体建设，还要具备多源 PNT 信息的互操作性，从而在国家综合 PNT 体系通用技术框架下，实现海洋复杂环境下多传感器深度集成、多源 PNT 自适应融合的水下导航定位技术体系，以及多传感器弹性 PNT 服务。

## 二、发挥我国北斗及声学导航技术优势

在海洋 PNT 体系建设方面，应充分利用我国已建成的北斗系统的特色服务功能（Yang et al.，2020b），实现海面舰船 PNT 技术的完全自主化。此外，还要充分利用我国在声学导航定位技术领域的研究基础，特别是长基线以及综合声学导航定位系统研发基础，并借助我国"蛟龙号"载人潜水器多次深海探测与导航定位技术积累，构建海洋海面、水体和水下立体声呐优化配置的水下 PNT 服务体系架构。通过北斗系统、声呐长基线、短基线及超短基线

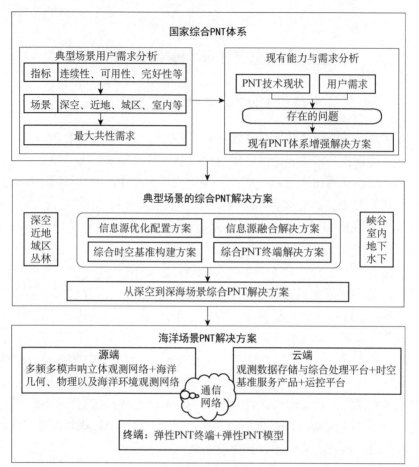

图4-1 国家综合PNT体系、典型场景的综合PNT解决方案以及海洋场景PNT解决方案

的集成，以及多模多频声呐技术的优化互补，提高海洋水面、水下PNT服务水平、质量与效率。在此基础上，研究以我国北斗系统为技术牵引的中国"水下北斗系统"，实现水下导航定位理论、算法和硬软件的自主创新。

我国在声学通信和定位装备方面具有较好的研究基础，但高、精、尖海洋测绘装备较国际先进水平还有明显差距。需要加大国内自研装备的应用推广政策和财政支持力度，充分利用我国在该领域的前期研发基础，通过整合国内大学和研究机构以及新技术企业的优势资源，优先攻克水下高精度、长航时、小型化PNT传感器的关键技术难题，并结合军民海洋PNT现实技术需要，尽快实现海洋大地基准与水下PNT感知装备的自主化、国产化，尽快发挥军事效益、经济效益和社会效益。

### 三、加大高新PNT技术储备与微PNT传感器研发

海洋水下PNT技术首先应该基于高精度惯性导航和微型化时钟技术，再辅以海面浮标或海底信标支持的惯性导航标校，或辅以海洋磁、重力及地形匹配校正的导航定位技术。因此，作为长远战略，水下惯性导航、量子导航、冷原子时钟等战略技术装备也应该集智攻关，从根本上解决水下长航时隐蔽PNT服务问题。

我国在量子导航、微PNT等技术领域的研发能力和技术储备仍十分薄弱，特别是与美国、加拿大、日本、欧洲等发达国家和地区具有明显的技术差距。因此，结合我国PNT体系发展现状和需求，可通过加强国际合作交流，并考虑适当引入发达国家的先进技术成果，加大国际先进成果的消化吸收和自主核心技术攻关，加强国际交流、合作与技术共享。

### 四、坚持弹性PNT发展路线

缺少弹性PNT的支撑，综合PNT很难发挥效能。综合PNT侧重解决信息源的冗余度和可选择问题，而弹性PNT侧重通过用户终端多传感器深度弹性集成、多源信息优化弹性融合，解决用户终端的小型化、智能化以及场景和环境自适应等问题，为用户提供高可用、高连续、高精度、高可靠、高完好的精准PNT服务。

多源多机理PNT传感器及其PNT信息源建设是构建弹性PNT的基础。海面定位、导航和定时技术手段相对丰富，如GNSS定位导航与授时、长波导航与授时（如罗兰系统、"长河二号"系统等）、天文定位定时以及惯性导航定位技术等；水下定位导航技术包括基于海面浮标GNSS定位与海底声呐定位组合技术、惯性导航与磁场匹配导航组合技术、惯性导航与重力匹配导航组合技术、惯性导航与海底地形匹配导航组合技术等。水下PNT服务十分困难，尤其是提供隐蔽的水下PNT服务。

如图4-2所示，海洋综合PNT体系建设还需要与海洋物理观测、海洋环境观测等融合发展，作为水下PNT基础设施和信息资源，需要建立重点海域高分辨率海底地形数据库、高分辨率高精度海底磁场数据库、高分辨率高精度重力场数据库，建立海底大地控制网，至少建立"接力式"水下导航定位基准站网络，实现重要海域的水下定位无缝覆盖与惯性导航标校，并建立弹性化水下 PNT 技术体系，以及与之相匹配的水下 PNT（载体时间同步）技术指标体系、技术方法体系和软硬件平台。

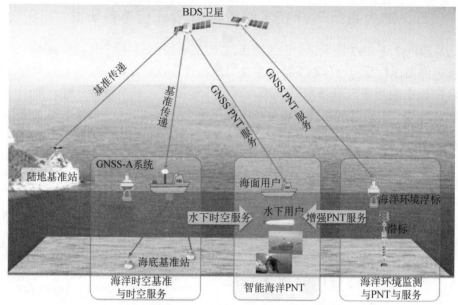

图4-2 海洋场景综合PNT体系构建技术路线示意图

结合我国国防、经济建设、科学研究的现实需求，以及我国海洋PNT基础设施的建设现状与水下导航定位技术的发展现状，力争通过15年的科技攻关和海洋PNT体系建设，探索出国家海洋综合PNT解决方案。

（1）"十四五"期间，面向国家综合PNT体系建设，启动海洋综合PNT体系建设任务，初步建成与2035国家综合PNT体系相配合的国家近海海洋导航定位基础设施，并初步形成海洋PNT服务技术能力。同时，初步形成水下PNT服务的技术体系架构；开展弹性PNT体系架构设计以及弹性PNT关键技术攻关工作，为国家综合PNT体系落地应用提供支撑条件。

（2）"十五五"期间，形成海洋综合PNT服务能力，初步形成海洋弹性PNT服务能力。

（3）"十六五"期间，在高精尖PNT技术、微PNT技术以及弹性PNT终端小型化和智能化方向取得突破，全面形成海洋弹性PNT服务能力。

# 第五章
# 海洋大地测量基准体系及其关键技术

海底大地控制网建设涉及基准信标方舱研制、网型设计、勘选布放、观测策略、观测模型建立与优化、数据处理策略等（杨元喜等，2020）。受海洋环境影响和海上施工条件制约，海底大地控制网建设难度大，技术装备要求高，建设周期相对较长，而且海底大地控制网观测与维护困难。海底大地网观测不得不采用海面与海底协同测量模式，因此涉及不同类型的观测模式、不同种类的观测数据，以及不同种类的观测模型。进一步，由于观测种类的不同，还必须涉及海洋多源观测数据融合处理方法。结合我国"十三五"军民融合工程建设、海洋大地测量学科发展趋势，我们经过调研论证，凝练出了我国海洋大地测量基准与海洋导航未来十年可能的发展方向。

## 第一节　海洋大地测量基准理论

在海面、水下以及海底构建静态或动态海洋大地测量参考框架，首先需要发展一套海洋参考系统与参考框架理论，然后采用一定的技术方法推动其实现并提供导航定位应用服务。

参考系统理论研究源于描述空间位置及其随时间变化离不开一个稳定的参考系这一现实需求，而构成这一参考系的参照物随地球整体或局部不断运动或在特定动力学方程下处于自由运动状态，如何在不断运动的海洋上建立海洋时空参照系，就成为一个必须解决的理论问题。为此，需要关注以下理论研究方向。

（1）海洋空间坐标基准理论。需要重点关注海面参考点在海洋潮汐等影响下的运动规律，特别是需要关注海底参考点在平面方向随海底板块的线性与非线性运动，以及高程方向随海洋负荷、环境负荷等影响而存在的非线性周期性运动。然而，由于海底缺少有效的固体验潮站观测约束，现有模型可能无法确保各类潮汐修正的精度。因此，需要发展海洋空间坐标基准建立与维持理论，构建用于海洋参考框架误差修正的理论模型。

（2）海洋垂直基准理论。平均海平面由于具有长期稳定性，因此成为建立陆地高程基准的基础。然而，海面地形的存在，导致不同区域平均海平面具有不同的重力位和大地水准面高，从而导致全球高程基准统一一直是一个全球性科学问题。这一问题的解决必须建立在全球统一的完备海洋垂直参考系统理论基础之上，并持续精化全球海潮模型、全球大地水准面模型、全球海面地形模型，实现大地高、正高/正常高和水深之间的精确转换，最终实现陆海地理信息无缝整合。

（3）海洋 PNT 环境误差机理与海洋环境参数反演。类似于空间大气对 GNSS 高精度定位的影响，受复杂海洋物理环境场影响，海洋高精度定位存在棘手的系统误差影响问题。因此，高精度海洋定位必须揭示海洋环境系统误差机理，研究系统误差消除的差分定位方法和系统误差参数化估计理论，反过来，还要研究海洋环境参数反演理论，为海洋参考框架精化以及海洋环境监测应用奠定理论基础。

# 第二节　海洋大地测量基准构建技术体系框架

海洋大地测量基准建设涉及非常复杂的技术体系，包括海洋大地控制网优化设计技术和布设技术、海底基准站传感器集成技术、观测技术与环境影响修正技术、数据处理技术等。海底大地测量基准建设涉及跨领域、跨学科、跨专业复杂技术集成，因此，系统梳理海底基准建设技术框架，对厘清我国海底基准建设的技术短板、明晰技术攻关内容等都具有重要意义。

在海洋大地控制网布设方面，主要包括海面 GNSS-A 控制网布设技术、海底基准站址的勘选与海底基准站布放技术、海底大地控制网整体优化理论与技术、局部点组的优化布放理论与技术等。

在水下基准站传感器技术方面，主要包括水下声学信标设计（低频、中频、高频）问题、方舱防腐抗压材料选择问题、方舱外形及舱体结构设计技术、海底信标的能源供给技术等。

在海底基准站定位与环境影响修正技术方面，主要包括声学定位观测构型、环境影响效应评估技术和环境误差补偿技术等。

在海底大地控制网数据处理理论与技术方面，主要包括多源观测信息的函数模型优化理论与技术、随机模型构建理论与方法、海底大地控制网的整体数据处理理论与方法等。

海洋大地测量基准建设技术框架如图5-1所示。

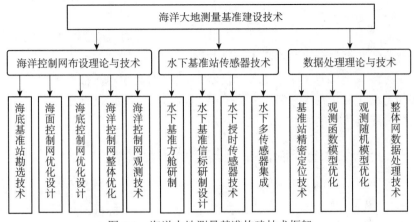

图 5-1　海洋大地测量基准构建技术框架

除上述主体技术框架外，海底大地测量基准建设、维持与服务还涉及其他一系列技术。首先，海底大地控制网观测除提供海底位置基准外，还应适当考虑海底重力基准、海底磁力、海底地形、水文、海洋环境噪声等要素测量。其次，在海底大地测量基准布设方面，也需要考虑有缆海洋大地控制网和无缆海底大地控制网的优化组合。其中，有缆海洋大地控制网还需要考虑与其他海洋观测网（海洋环境观测网、物理海洋观测网、海底地质监测网、地震监测网等）的结合；无缆海底大地控制网也可以与其他海底观测设备并址观测（如海底重力观测、磁力观测、洋流监测等），但必须解决海底观测数据的及时传输问题；更进一步，无缆海底大地控制网还可以与海洋动力发电设备铰链，实现海底观测设备的自主电力供给等；海底观测也可以与海面观测、航空、航天观测技术集成，实现空中、海面、水下、海底立体大地测量观测、维持与服务。

# 第三节　海底大地测量基准建设关键技术

海底大地测量基准建设涉及领域众多、技术复杂。有些现有技术通过技术集成或技术革新、技术改进即可用于海底基准站建设与维持，但是仍然存在一系列关键技术需要集智攻关，包括海底大地测量基准研发平台、观测平台和服务平台。

在海底大地测量基准研发平台方面，主要构建海洋大地测量基准建设的技术平台，包括海底观测设备平台、海底大地测量基准勘选建设平台和海底大地测量基准维持支撑平台。

在海底大地测量基准观测平台方面，主要构建海底观测网络，包括海底基准观测的数据处理平台、垂直基准构建平台和海洋导航定位支撑平台等。

在海洋大地测量基准服务平台方面，主要构建大地基准与陆地基准无缝连接和更新平台，服务于海洋探测、监测与科研等大地基准信息平台，还要解决空天海一体化的时空信息服务网络问题。

## 一、海底大地控制网布测与定位方法

海洋大地控制网一般布设在海底，最理想的情况下需要全面均匀布设海底大地控制网，一方面，为陆海大地基准统一提供坐标框架点；另一方面，为海底地壳变化监测提供参考点，进一步为海洋水下定位提供参考信标。但是，在全球布设海底大地控制网不仅成本极其高昂，布设十分困难，而且很多区域几乎无人问津，因此优化布设海底大地控制网十分必要。

### （一）海面 GNSS 测线优化设计

海底大地控制网应是地面大地控制网向海洋的自然延伸，其定位定向可借助海面 GNSS-A 观测实现。因此，海面 GNSS-A 测线需要相对于海底控制网具有足够的几何图形强度和模型误差抵偿能力（杨元喜等，2020）。对 GNSS-A 观测方程线性化，可建立如下线性化模型：

$$L = Ax + \Delta + \varepsilon \tag{5-1}$$

式中，$A$ 为控制网设计矩阵；$x$ 为控制网模型参量；$\Delta$ 为系统误差或时变系统误差；$\varepsilon$ 为观测噪声。传统上，控制网的可靠性指标多采用网的多余观测分量来描述，即确保每个观测值具有足够的多余观测，以抵御异常观测影响。事实上，为确保控制网具有系统误差抵偿能力及其参数化估计能力，需要引入下述最优化数学模型：

$$\min\|F(\Delta)\| \tag{5-2}$$

其中，$F(\Delta)=(A^{\mathrm{T}}PA)^{-1}A^{\mathrm{T}}P\Delta$ 为系统误差影响函数，$P$ 为权阵（Yang Y X et al.，2011）。当 $\Delta$ 为常数误差且当控制网采用对称设计时，即可实现该系统误差的完全抵偿（杨元喜等，2020）；当 $\Delta$ 为随时间变化的周期函数时，则要求海面测线的闭合观测频率正交于系统误差的频率。因此，为了使控制网具有一定的系统误差抵偿能力且具有足够的几何强度，需要满足以下条件。

（1）不同的海底基准站，应有相应优化的海面控制图形；相对于同一个海底大地测量基准站，应该对应不同的海面观测轨迹，通常用最优海面控制图形半径来描述，如图5-2（a）所示，可采用与水深相同测线半径。

（2）当考虑时间系统误差影响时，应适当缩小海面控制图形半径，减小海面测线闭合时间，一条测线观测的时间越短，时间系统误差影响就越小。

（3）尽量采用多条同步测线，既可提高作业效率，也便于差分数据处理或将系统误差参数化，以便削弱系统误差对海底基准站坐标估计值的影响。

对称图5-2（a）可基本消除系统误差对平面定位结果的影响，而图5-2（b）、（d）则同时具备了系统误差估计与补偿的能力。相比之下，连续平滑的图5-2（c）、（d）更有利于无人AUV测量系统航线自主控制。

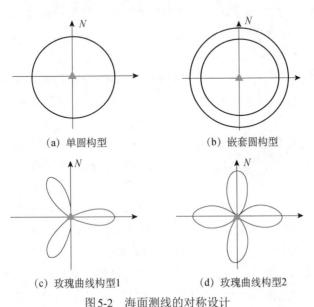

(a) 单圆构型　　　　　　　　　　(b) 嵌套圆构型

(c) 玫瑰曲线构型1　　　　　　　(d) 玫瑰曲线构型2

图5-2　海面测线的对称设计

## （二）海底控制网优化设计

海面GNSS-A观测的几何图形只决定海底基准站坐标的精度水平，而海底大地控制网是开展一切海洋活动的时空基准参考框架。布设海底大地控制网需要立足大地测量学科需求，兼顾海洋地质、海洋动力学、海洋灾害监测以及水下导航定位等现实应用，具体包括以下内容。

（1）面向海洋大地测量研究（包括海底板块运动、海平面变化、海洋重力场变化监测等），以点位均匀分布、地质环境稳定为基本原则布设海底大地控制网（平均间距300～500 km）。采用连续或定期中高频声呐观测为主要手段，确保点位坐标精度的一致性。

（2）综合考虑海洋地质、海洋动力学研究与海洋灾害监测等应用，则海底基准站宜布设在海底地质板块边界（最好在边界两侧均匀分布），或板块构造活跃带两侧（在板块活跃带两侧均匀分布），或地质灾害频发区域周边。采用连续观测或高频率重复观测，丰富海底大地控制网的现实应用价值和科学产出。

（3）兼顾高精度水下PNT应用，在海洋资源开发热点区域、海上重要通道以及人类海洋活动密集区域，布设一定数目的中-低频声呐导航定位信标，为惯性导航误差标校或直接参与水下定位导航，形成水下隐蔽高精度PNT标校和服务能力。

（4）鉴于海底大地控制网建设与维护成本高昂，应遵循整体规划、有序推进，技术互补、经济实用，资源统筹、平台共享等原则。

就当前技术条件和现状而言，海底整体网设计应充分考虑陆地-海岛-海面现有控制网条件、区域地质环境条件和现实应用需要。例如，日本主要面向地震灾害监测需求在亚欧板块和太平洋板块交接带布设了条带状海底大地控制网。

在特定区域开展海底整体网设计，需要综合考虑区域内的现有大地测量观测、地质构造、地形条件以及地质灾害隐患点等因素，具体包括以下内容。

（1）在沿岸、海岛周边布设一定数目有缆连续观测的海底大地控制点，这些点可以采取连续观测模式，本身位置坐标精确已知，可作为连续导航信标发射装置，形成"水下北斗"导航系统星座。

（2）在陆地、海岛大地测量薄弱区域布设相对密集的无缆海底大地控制点组，这些点组之间的距离可以根据惯性导航误差累积标校的需求设定。

（3）在断裂带、地震频发区等灾害隐患点布设地质环境与灾害监测点。

所有海底大地控制点布设均应具备水下PNT用户位置标校功能。

当前形势下，布设海底大地控制网需要遵循有序推进、急用先建的原则，优先设计并建立零散分布、相对独立的局部控制网或基准站组。随着技术的不断成熟和应用需求的不断增长，有望最终通联，实现海底时空基准"一张网"。

为了经济、有效地建设海底基准站，可优先采用以点群为主，通过点群优化及有缆、无缆相结合的布网方式布设局部海底大地控制网。采用类似于确定震源位置的方式，单独确定每个应答器的位置，再取所有应答器坐标的均值作为海底的虚拟控制点。当然也可以将海底基准站组之间的声学距离观测进行海底控制网的平差计算，消除点之间的矛盾。海底点之间均匀分布的测线可以有效削弱声速误差，同时提高水平分量和高程分量的定位精度。

海底局部控制网（或点组）一般由多个（4～5个）点构成，以便为水下载体提供连续、高精度水下PNT服务。因此，在海底局部网的初步设计阶段，可采用理想的三角网、四边网以及蜂窝网等网形，以提高海底基线网的图形强度及其应用覆盖能力，如图5-3所示。然而，现实需要进一步考虑测区地质、地形和成本等约束条件，结合控制网点精度指标以及水下导航定位应用需求，开展水下导航定位基准站网的优化设计。

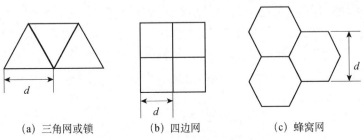

(a) 三角网或锁　　　(b) 四边网　　　(c) 蜂窝网

图 5-3　理想海底大地控制网图形

注：$d$为声呐有效作用距离

对于给定的声呐时延测量精度和水下PNT覆盖范围，若以海底局部网的区域平均导航定位精度为优化目标，可建立以区域几何精度衰减因子（geometric dilution of precision，GDOP）均值最小化的控制网优化设计准则（Xue and Yang，2017）。考虑海底地形影响、控制点通视条件、海底地质与构造条件等影响海底控制点稳定性的各种因素，构建海面/海底大地控制网候选点的可行域与约束条件，在此基础上，考虑海洋导航定位、海洋地质与海洋灾害监测等多目标需求，构建以控制网精度与可靠性为优化目标函数的最优化数学模型；针对复杂约束条件、多候选点组合优化模型求解等难点问题，通过将原确定性最优化数学模型改化为不确定性最优化模型，进而运用蒙特卡洛方法和仿生智能算法对上述最优化问题进行求解（张之猛和刘伯胜，2006；陈静等，2006；杨文龙等，2020）。具体技术路线如图5-4所示。

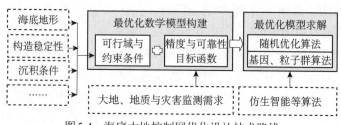

图5-4　海底大地控制网优化设计技术路线

## （三）海底控制点勘选

海底控制点布放位置勘选遵循从面到点的原则。首先，依托历史资料或者实地海洋调查，了解区域性海底地形地貌、海底沉积物工程地质特征以及水动力特征等环境要素，初步甄选海床自身稳定性较好的区域。其次，依据设计方舱的外部形态、重量以及不同底质条件下的锚固形式等特征，确定海床基承载力最小值；依据承载力最小值比选试验靶区，进行表层、柱状采样以及高分辨率海底表面形态和地层结构探测。最后，通过实验室样品测试，掌握布放靶区工程地质各项参数，模拟布放后方舱稳定性，提出方舱结构及锚固形式等优化方案，制定海底方舱布放位置勘选标准，如图5-5所示。

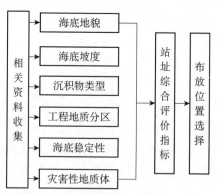

图5-5　方舱布放位置初选流程图

在海底控制点布放位置勘选工作中需要考虑以下几个关键技术点：①海床自身稳定性判别；②海底承载力计算；③布放后海底地质状态和方舱稳定性模拟。

（1）数据资料整理。整理已有的历次海洋调查获取的近海及邻近海域的高分辨率海底水深、地形、地貌、底质、地质构造和水动力环境等数据资料，并通过各种渠道补充收集其他部门海洋调查项目资料，获取海底控制点布设区域详细的海底地形地貌、底质和水动力等数据资料。

（2）数据资料处理分析。将数据资料进行分类，按照统一的标准进行处理，如将不同来源的数据进行坐标投影变换、底质沉积物分类标准的统一、各种数据单位的统一等，在此基础上，将数据输入ArcGIS软件，进行数据拼接。制作海底坡度图、海底表层沉积物分布图和工程地质图等专题图件，并编制各专题图的数据进行统计分析。

（3）构建海底方舱位置勘选标准。在上述统计分析的基础上，以海底地形起伏度、坡度、动力地貌、构造稳定性、表层沉积物工程地质力学特征和沉积动力环境的稳定性等为指标（唐秋华等，2019），制定海底大地控制点的总体选址原则；进而分析各指标的阈值，建议采用5级分类标准（1级最优，3级适宜，5级最差）构建海底方舱位置勘选指标体系。重点考虑方舱布放点的地形地貌、沉积区、侵蚀区、残留沉积区、表层沉积物的承载力，以及方舱布放后的沉降与冲刷状况。同时，为方舱的结构设计中的防冲刷和防沉降等设计提供参数。

收集整理我国近海海洋温度、盐度、深度等数据，结合海底底质沉积物的物质组成和声反射与声衰减等方面的研究成果，同时补充已有研究区多波束后向散射强度等数据，在我国近海海底沉积物分布图的基础上，选取合适指标，如平均粒径、湿密度、孔隙比等，研究不同水深和不同海底环境要素对方舱发射与接收声信号的响应关系。

（4）海底方舱布放试验位置确定。依据上述标准和专题图，进行图层叠加处理，并考虑海底不同水深的声学传感器传输距离和精度，以及海底大地控制网精度要求，初步选出方舱在浅海（<200 m）和深海（大于3000 m）的试验靶区，并根据数据精度和分辨率制定相应的补充精细调查实施方案。在此基础上，充分利用各种共享航次或专门的勘选航次，按照制定的方舱布放实验靶区精细补充调查实施方案，开展地形地貌、底质和水动力的高精度调查。在调查数据处理分析的基础上，分析、比较、论证、试验，拟定方舱布放位置。

（5）海底大地控制点布放与回收。海底大地控制点一般以方舱形式设计，并要求方便布放与回收，以便进行维修、传感器与电池更换等操作。在深海海域，基准站方舱可直接采用缆绳系连、绞车吊放的模式进行海底方舱的布放，待方舱坐底后再进行缆绳脱钩释放。在浅水海区，根据海底地形地貌和底质类型特征，可采用两种布放模式：①方舱吊离工作船后，直接在水面进行缆绳脱钩释放，依靠方舱系统的自身重量进行下沉和坐底；②直接采用缆绳系连、绞车吊放的模式进行海底方舱的布放，待方舱坐底后再进行缆绳脱钩释放。

首先通过激发应答释放器的方式实现基准站方舱体和海底基座的脱离，然后海底方舱及配属设备依靠自身的浮力装置实现自主上浮和回收。同时为确保海底大地控制点回收成功，也可以采用水下机器人下潜辅助回收的备用方案。海底大地控制点的布放、回收流程如图5-6所示。

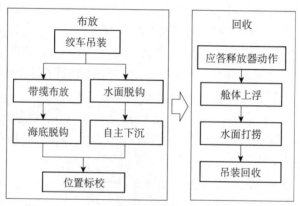

图5-6　海底大地控制点的布放、回收流程示意图

## 二、海洋大地测量基准模型优化

海洋大地测量基准建立涉及一系列关键技术，包括海面GNSS浮标网敷设及其与水下基准网协同观测技术，海面GNSS观测、海面到海底的声学观测、海底基准站点之间的观测数据集成与融合处理技术。

在数据预处理阶段，还涉及GNSS天线/声学传感器相位中心归算处理技术，不同海洋环境下的声学观测误差处理技术（如声线误差跟踪计算模型、声速误差模型等），海面测量载体和相应传感器的姿态测定与误差纠正技术，以及声学换能器和温盐探测仪等测量单元的数据融合处理技术等。

在复杂多源定位技术支撑下，海洋大地基准建设还必须构建各类观测的合理观测模型或组合观测模型及相应定位技术（图5-7、图5-8）。

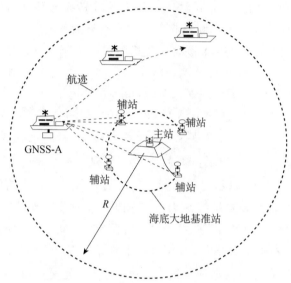

图5-7　海洋大地控制网建立示意图

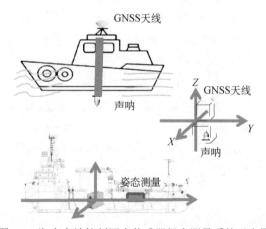

图5-8　海底大地控制网多传感器组合测量系统示意图

## （一）GNSS-A 联合定位模型

GNSS-A 定位是海底定位的主要方法，但是，这种组合定位的模型并不成熟，需要构建适应不同海域的单应答器、多应答器等不同实验条件下的观测模型，构建海底多应答器以及多传感器组合模式下的联合解算模式及其相应的数学模型。

如果将海面 GNSS 观测与水下声呐观测联合平差，那么为了保证时间的同步性，水下可采用几何定位法，并加入基准转换参数和海洋环境影响参数，将海面与水下观测方程联系起来，综合解算海面 GNSS 天线坐标和水下基准站坐标。此时，GNSS-A 联合定位模型可以表示为（邝英才等，2019，2020）：

$$\left. \begin{aligned} P &= f\left(\boldsymbol{X}_{\text{sat}}, \boldsymbol{X}\right) + c\mathrm{d}\tilde{t}_{\text{r}} + \delta T + \varepsilon_{\text{P}} \\ \varPhi &= f\left(\boldsymbol{X}_{\text{sat}}, \boldsymbol{X}\right) + c\mathrm{d}\tilde{t}_{\text{r}} + \delta T + \lambda\tilde{N} + \varepsilon_{\varPhi} \\ \boldsymbol{X}_{\text{t}} &= \boldsymbol{X} + \boldsymbol{R} \cdot l \\ \rho &= f\left(\boldsymbol{X}_{\text{t}}, \boldsymbol{X}_{\text{tp}}\right) + \delta\rho_{\text{d}} + \delta\rho_{\text{v}} + \varepsilon \end{aligned} \right\} \tag{5-3}$$

式中，$\boldsymbol{X}_{\text{sat}} = (x, y, z)_{\text{sat}}$ 表示卫星位置；$P$ 为无电离层组合后的伪距；$\varPhi$ 为无电离层组合载波相位观测量；$\rho$ 为由声学时延观测值计算得到的换能器至应答器之间的测量距离；$f(*)$ 表示观测点之间的几何距离函数；$\boldsymbol{X} = (x, y, z)_{\text{GNSS}}$ 为船载 GNSS 天线相位中心坐标；$\boldsymbol{X}_{\text{t}} = (x, y, z)_{\text{t}}$ 为声学换能器坐标；$\boldsymbol{X}_{\text{tp}} = (x, y, z)_{\text{tp}}$ 为海底应答器坐标；$c$ 为理论光速；$\mathrm{d}\tilde{t}_{\text{r}}$ 为接收机钟差参数，包含未修正的伪距硬件延迟偏差；$\delta T$ 为对流层延迟误差；$\varepsilon_{\text{P}}, \varepsilon_{\varPhi}$ 为观测噪声及其他未模型化误差；$\lambda$ 为组合相位观测的波长；$\tilde{N}$ 为吸收了硬件延迟偏差的模糊度参数；$\boldsymbol{R}$ 为臂长改正旋转矩阵；$l$ 为船体坐标系下换能器相位中心至 GNSS 天线中心的偏移量；$\delta\rho_{\text{d}}$ 为声学信号硬件延迟误差；$\delta\rho_{\text{v}}$ 为由声速误差引起等效距离误差；$\varepsilon$ 为声学观测随机误差。

在解算过程中，为提高垂直分量解算精度，可以利用精度相对更高的水位计压力深度值对观测模型进行约束，也可以将水位计压力深度值作为观测量参与平差解算。可以推导出在船体水平坐标系下换能器至应答器的深度差公式，即约束方程为（赵建虎等，2018；Chen et al.，2020）：

$$\Delta h_{\text{tp-t}} = \boldsymbol{R}' \cdot \left(\boldsymbol{X}_{\text{tp}} - \boldsymbol{X}_{\text{t}}\right) \tag{5-4}$$

式中，$\Delta h_{\text{tp-t}}$ 为换能器至应答器之间的深度差；$\boldsymbol{R}'$ 为转换矩阵。

线性化后的误差方程为

$$\begin{bmatrix} \boldsymbol{V}_P \\ \boldsymbol{V}_\varPhi \\ \boldsymbol{V}_\rho \end{bmatrix} = \begin{bmatrix} \boldsymbol{A}_P \\ \boldsymbol{A}_\varPhi \\ \boldsymbol{A}_\rho \end{bmatrix} \delta\boldsymbol{X} - \begin{bmatrix} \boldsymbol{L}_P \\ \boldsymbol{L}_\varPhi \\ \boldsymbol{L}_\rho \end{bmatrix} \tag{5-5}$$

其中，$\boldsymbol{V} = \begin{bmatrix} \boldsymbol{V}_P^{\text{T}} & \boldsymbol{V}_\varPhi^{\text{T}} & \boldsymbol{V}_\rho^{\text{T}} \end{bmatrix}^{\text{T}}$ 中各子向量分别为伪距、载波相位和声学测距观测量的残差向量；$\boldsymbol{A} = \begin{bmatrix} \boldsymbol{A}_P^{\text{T}} & \boldsymbol{A}_\varPhi^{\text{T}} & \boldsymbol{A}_\rho^{\text{T}} \end{bmatrix}^{\text{T}}$ 中各子矩阵分别为伪距、载波相位和

声学测距观测方程的设计矩阵；$L = \begin{bmatrix} L_P^{\mathrm{T}} & L_{\varPhi}^{\mathrm{T}} & L_{\rho}^{\mathrm{T}} \end{bmatrix}^{\mathrm{T}}$ 中各子向量分别为各类观测值向量；$\delta X$ 为待估参数向量。在参数估计阶段需要关注模型的不适定性（Zhao et al.，2018），如 GNSS 天线相位中心与声学换能器相位中心的臂长偏移参数估计存在不适定性等（Chen et al.，2019）。

GNSS-A 组合观测处理可采用非差观测处理或差分观测处理，差分观测可以避免系统误差参数化，具有一定研究前景（Xu et al.，2005；赵爽等，2017）。当然，如果系统误差参数化具有明确的物理性质，并具有对应的观测信息支撑，同时采用合理的参数解算准则和策略，则系统误差参数化估计也具有重要的应用前景（Yang and Qin，2021）。

除了大地测量领域习惯采用的常声速模型外，声线跟踪定位模型和算法方面也取得一些进展（Chadwell and Sweeney，2010；孙文舟等，2020），特别是最新还有研究考虑声速场水平梯度的三维声线跟踪算法（Sakic et al.，2018）。

## （二）声学定位的弹性函数模型

对于不同的海洋环境，声学观测误差影响是不同的。顾及各种海洋环境对声学观测的系统误差影响，可以采用弹性函数模型，即在理论函数模型中引入系统误差函数项，其中模型误差参数与点位位置参数一并解算或分步解算。最简单的声学观测弹性函数模型是引入时间偏差和声速偏差，即将水下声学定位模型表示为

$$v_{ij} = A_{ij}\hat{X}_j + \Delta\hat{t}\dot{\rho}_{ij} + \Delta\hat{C}\tau_{ij} - \rho_{ij} \qquad (5\text{-}6)$$

式中，$\hat{X}_j$ 为海底应答器 $j$ 的待估坐标向量；$\Delta\hat{t}$ 为待估的时间偏差；$\dot{\rho}_{ij}$ 为应答器与换能器之间距离的变化率；$\Delta\hat{C}$ 为特定海域的平均声速误差；$\tau_{ij}$ 为换能器到应答器的观测时间。

如果有 $n$ 个观测 $\rho_{ij}$（$i=1,2,\cdots,n$），采用最小二乘估计可以得到海底应答器位置近似坐标 $\hat{X}_j^{(1)}$、平均声速误差 $\Delta\hat{C}^{(1)}$，以及时间偏差 $\Delta\hat{t}^{(1)}$。距离偏差 $\Delta\hat{C}\tau_{ij}$ 和时间偏差 $\Delta\hat{t}$ 修正后的伪声线测距公式如下：

$$\tilde{\rho}_{ij}^{(1)} = \rho_{ij} - \left(\Delta\hat{t}\dot{\rho}_{ij} + \Delta\hat{C}\tau_{ij}\right) \qquad (5\text{-}7)$$

很多情形下，水下声学观测含有明显的周期性系统误差，如海洋温度周期性变化引起的误差等，为补偿周期性误差影响，可以在弹性函数模型中增加一个具有线性多项式的三角函数，形成如下误差方程（Yang and Qin，

2021):

$$v_{ij} = A_{ij}\hat{X}_j + \hat{b}_0 + \hat{b}_1\left(t_i - t_0\right) + \hat{b}_2\cos\left(2\pi ft_i\right) + \hat{b}_3\sin\left(2\pi ft_i\right) - \tilde{\rho}_{ij}^{(1)} \qquad (5\text{-}8)$$

式中，$\hat{b}_0 + \hat{b}_1\left(t_i - t_0\right)$ 表示长期变化；三角函数 $\hat{b}_2\cos\left(2\pi ft_i\right) + \hat{b}_3\sin\left(2\pi ft_i\right)$ 表示周期变化，其中 $f$ 是主要周期的频率，根据上述观测方程，可以得到参数估计值 $\hat{b}_0$、$\hat{b}_1$、$\hat{b}_2$ 和 $\hat{b}_3$。

采用上述模型得到更新后的残差向量为 $v_{ij}^{(2)}$，如果仍存在系统误差，可以进一步拟合。通常采用分段二次多项式即可拟合残差中的系统误差。

$$v_{ij}^{(3)} = \sum_{k=1}^{M}\left\{\hat{c}_k + \hat{d}_k\left(t_i - t_{k0}\right) + \hat{g}_k\left(t_i - t_{k0}\right)^2\right\} - v_{ij}^{(2)} \qquad (5\text{-}9)$$

式中，$\hat{c}_k$、$\hat{d}_k$ 和 $\hat{g}_k$ 为分段多项式待估系数，根据实际情况观测分为 $M$ 组，$t_{k0}$ 表示相应分组的开始测量时刻。如此，可以根据拟合的残差向量进一步计算位置参数的修正向量：

$$v_{ij}^{(4)} = A_{ij}\delta\hat{X}_j^{(2)} - v_{ij}^{(3)} \qquad (5\text{-}10)$$

更新后的位置估计向量可表示为 $\hat{X}_j^{(2)} = \hat{X}_j^{(1)} + \delta\hat{X}_j^{(2)}$。

对周期误差和残差进行拟合后，可以提高海底基准站坐标矢量的估计精度。平均声速误差参数 $\Delta\hat{C}$ 和时间偏差参数 $\Delta\hat{t}$ 也可通过式（5-11）重新估计：

$$v_{ij}^{(5)} = \Delta\hat{t}\dot{\rho}_{ij} + \Delta\hat{C}\tau_{ij} - v_{ij}^{(4)} \qquad (5\text{-}11)$$

值得注意的是，上述弹性观测模型的参数估计需要迭代计算。另外，如果弹性参数需要反映物理意义，则可以在测量模型中引入不同的物理模型参数。海洋定位弹性函数模型主要解决海洋环境误差影响问题，在这方面，近年来国内学者开展了大量研究和探讨（Yang F et al.，2011；赵建虎等，2018；刘慧敏等，2019；赵建虎和梁文彪，2019；辛明真等，2020）。

### （三）GNSS-A 联合定位弹性随机模型

弹性随机模型的核心是根据各类观测量的不确定度，先验或后验估计各类观测的方差和协方差，实现各类观测权重优化。考虑海洋声速场扰动对声线传播的影响，可以基于常梯度声线跟踪模型构建入射角、梯度及深度的影响函数关系。另外，受海水温度、压力、盐度等因素影响，声速在垂向方向存在明显的分层变化现象，导致声波传播发生折射，声线产生弯曲，从而影响定位精度（韩云峰等，2017；Wang et al.，2020a），因此，依据常梯度声线跟踪模型，声线掠过某一水层时的水平位移 $y$ 可表示为

$$y = R(\cos\beta - \cos\alpha) \tag{5-12}$$

式中，$\alpha$ 为入射角；$\beta$ 为层内的出射角；$R = -C_0/(g \cdot \sin\alpha)$，为声线传播的曲率半径，其中 $C_0$ 表示入射声速。$\alpha$ 和 $\beta$ 满足 Snell 方程，即

$$\sin\beta = \sin\alpha(C_0 + gh)/C_0 \tag{5-13}$$

其中，$g = \Delta C/h$，为声速梯度。显然，若将 $\beta$、$R$ 视为过程变量，可将水平位移表示为 $\alpha$、$g$、$h$ 的函数，即

$$y = f(\alpha, g, h) = -\frac{C_0}{g \cdot \sin\alpha}\left\{ \sqrt{1 - \left[\frac{\sin\alpha(C_0 + gh)}{C_0}\right]^2} - \cos\alpha \right\} \tag{5-14}$$

在声线跟踪定位算法中，入射角需要迭代计算，即可表示为声速剖面观测量的函数，因此也是一个随机量。由式（5-14）可知，声线传播的水平位移由入射角 $\alpha$、梯度 $g$ 和深度 $h$ 共同决定。为研究上述变量对水平位移的影响，对式（5-14）中的 $\alpha$、$g$、$h$ 分别求偏导，得

$$\frac{\partial y}{\partial\alpha} = \frac{C_0 g\cos\alpha}{g^2\sin^2\alpha}\left\{ \sqrt{1 - \left[\frac{\sin\alpha(C_0 + gh)}{C_0}\right]^2} - \cos\alpha \right\}$$
$$-\frac{C_0}{g\sin\alpha}\left\{ -\frac{2\sin\alpha\cos\alpha\left[(C_0 + gh)/C_0\right]^2}{2\sqrt{1 - \left[\sin\alpha(C_0 + gh)/C_0\right]^2}} + \sin\alpha \right\} \tag{5-15}$$

$$\frac{\partial y}{\partial g} = \frac{C_0\sin\alpha}{g^2\sin^2\alpha}\left\{ \sqrt{1 - \left[\sin\alpha(C_0 + gh)/C_0\right]^2} - \cos\alpha \right\}$$
$$-\frac{C_0}{g\sin\alpha}\left\{ -\frac{2h\left[\sin^2\alpha(C_0 + gh)\right]/C_0^2}{2\sqrt{1 - \left[\sin\alpha(C_0 + gh)/C_0\right]^2}} \right\} \tag{5-16}$$

$$\frac{\partial y}{\partial h} = -\frac{C_0}{g\sin\alpha}\left\{ -\frac{2g\left[\sin^2\alpha(C_0 + gh)\right]/C_0^2}{2\sqrt{1 - \left[\sin\alpha(C_0 + gh)/C_0\right]^2}} \right\} \tag{5-17}$$

经过化简可得全微分为

$$dy = \left[R\sin\alpha - (R\tan\beta\sin\beta + y)\cot\alpha\right]d\alpha$$
$$+\frac{h \cdot \tan\beta - y}{g}dg + \tan\beta dh \tag{5-18}$$

其中，$\tan\beta = \left[\sin\alpha(C_0 + gh)/C_0\right]\Big/\sqrt{1 - \left[\sin\alpha(C_0 + gh)/C_0\right]^2}$。分析可以得出以下结论（Liu et al., 2020；王薪普等，2021）：第一，当入射角较小时，声速场梯度变化对水平位移的扰动较小；第二，在相同水深和入射角下，水平

位移的扰动随着梯度变化增大而增大；第三，在相同深度和梯度下，水平位移扰动随着入射角的增大而增大。

在实际测量中，声速场测量存在测量误差，并且声速场本身也随时间变化，在声线跟踪计算时只能利用某一时刻的声速场观测信息代表声呐观测时刻的声速场信息，因此总是存在声速梯度误差及其时变影响，可基于上述响应关系构建水下定位随机模型。

在大多数情况下，随机模型的调整通常是通过方差的调整或观测权重的调整来协调观测对参数的贡献，即观测不确定性越大，方差就越大，观测权重就越小，该观测在参数估计中的贡献就越小。

观测权的调整也可以构建权函数，抗差估计就是典型的通过权函数调整随机模型的方法。对于相同的声速场误差和深度，大入射角对声线的水平位移影响越大，进而影响水下定位精度。考虑到测量习惯使用观测高度角，且高度角和入射角近似互余，因此，可构建以下高度角相关观测权函数：

$$p_i = \begin{cases} 1, & \chi_i \geqslant \chi_0 \\ \sigma_{\chi_0}^2 / \sigma_{\chi_i}^2, & \chi_i < \chi_0 \end{cases} \tag{5-19}$$

式中，$\chi_0$ 为单位权观测对应的高度角阈值，即当高度角大于等于 $\chi_0$ 时，观测权设为1；$\sigma_{\chi_i}^2$ 为高度角为 $\chi_i$ 时观测值的观测方差。观测方差大致可分为两部分，即高度角相关部分和高度角不相关部分，后者主要来源于声呐仪器测量误差，当高度角小时，则高度角相关误差占主要成分，此时仪器测量误差可以忽略，以指数函数为例给出观测方差拟合模型：

$$\sigma_{\chi_i}^2 = a \cdot e^{b\chi_i} \tag{5-20}$$

式中，$a$、$b$ 为模型系数。

海洋定位弹性随机模型主要解决海洋环境误差的空间不确定性和时间不确定性问题，在这方面，近年来国内学者亦有大量研究和探讨（赵爽等，2018；马越原等，2020）。抗差估计、自适应滤波、观测噪声估计等测量数据处理模型以及可靠性理论都可移植应用于水下导航定位观测的随机模型优化（Yang，1991；李德仁和袁修孝，2002；Yang et al.，2002；Yang and Gao，2006；Yang et al.，2010）。

需要强调的是，弹性模型必须建立在有一定的观测冗余基础上，没有冗余观测，函数模型和随机模型优化估计都是不可能的。

## （四）海底大地控制网观测维护与精密定位技术

海底大地控制网观测与维护是确保控制网高精度和可用性的关键，具体关键技术包括：①海洋声场环境及基于声场的声线跟踪方法，解决海底定位基本距离观测要素的精确确定问题；②海底控制点的位置标校技术，实现海面 GNSS 对应的国家大地基准向海底的传递；③海底大地控制网的定位模型与算法构建技术，实现海底大地控制网的高精度观测及其点位坐标的高精度确定。

根据海底大地控制网的稳定性、周围底质和水文环境，探索最佳海底大地控制网观测方案，包括海底大地控制网的观测和维护周期的确定等。海底大地控制点观测和维护技术路线如图5-9所示。

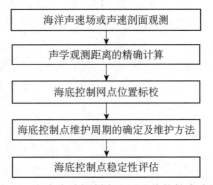

图5-9　海底大地控制点观测和维护技术路线

### 1. 控制网覆盖区声速时空场模型的高精度构建

借助不同深度、不同空间位置和不同观测时刻的实测声速，联合历史声速，根据全球温度场模型和盐度场模型，可构建控制网覆盖水域的声速时空场模型。此外，可借助海底基准站温盐深传感器观测，为水下定位提供声速观测信息。

### 2. 声学观测距离的高精度计算

海底基准站坐标测定精度取决于声学距离测量精度，因此需要探讨层内常声速声线跟踪方法、层内常梯度声线跟踪方法、等效声速剖面法、误差修正法及差分修正法等，分析研究各种方法的特点和适用对象。根据声速场模型，结合应答测量中的观测时间，开展声线跟踪和声速误差影响补偿或修正，获得波束点在换能器坐标系下的坐标及点间空间直线距离。

### 3. 海底大地控制网点绝对位置标校

海底大地控制网点绝对标校技术实际是海面GNSS高精度大地基准向海底基准站的高精度传递技术。根据声速误差对测距精度的影响以及与波束入射角、测量距离的相关性，构建声速误差经验修正模型，对实测距离进行修正获得相对精确的距离。在此基础上，研究圆走航等空间交会图形的基准传递技术、基于深度约束的海底单个控制点绝对校准技术，实现三维基准从海面到海底的高精度传递以及单个海底控制点的绝对校准。

### 4. 海底大地控制网相对和绝对定位联合校准技术

海底控制网点位置的绝对标校是由海面测线高精度坐标向海底控制点坐标的传递；海底控制网点间相对坐标的标校，是指海底点组之间的相对位置确定，即对海底点组之间的相对观测量进行平差，消除由观测误差导致的点组之间的坐标不一致。

海底控制点的绝对标校，一般通过对所有的海底控制点分布开展基于对称走航观测，然后进行数据处理得到大地坐标系下的海底控制点坐标（Zhao et al.，2016），如图5-10所示。

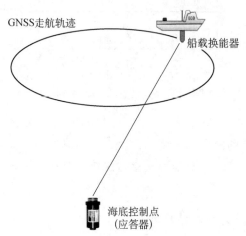

图5-10 海底控制点绝对标校示意图

如图5-11所示，海底控制点之间的相对坐标标校，则是利用海底大地控制网点间的相互测距信息，获得海底大地控制网点间的几何距离，然后利用绝对标校的海底坐标作为先验值，再对海底点组之间的观测进行平差，消除各点距离观测之间的矛盾，重新调整海底点坐标赋值，从而获得所有海底点的绝对坐标。

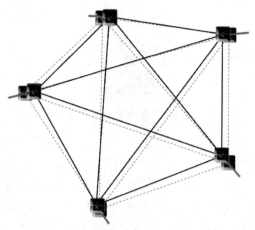

图5-11 海底大地控制网相对标校示意图

资料来源：吴永亭（2013）

若同时获取上述两类观测，则可对海底大地控制网采用绝对标校与相对标校相结合的方法开展校准。

## 三、海洋大地测量基准与陆地测量基准的无缝连接策略

陆海基准统一是国家空间基准统一的必然要求，也是各类陆海统筹应用、海底地形测量、海岸线测量以及陆海地理信息无缝整合集成的基础。陆海基准统一主要通过陆海坐标基准的传递、垂直基准的统一、不同类型观测数据的融合等技术途径实现。

### （一）陆海无缝海洋坐标基准构建

采用 GNSS 绝对或相对定位技术，将陆地 CORS 的三维地心坐标基准传递到海面 GNSS 动态控制网（或称为坐标系传递中转站），在对海面 GNSS 动态控制网进行优化设计的基础上，采用先进的水下声呐定位技术，将海面 GNSS 动态控制网的三维坐标基准传递到海底控制点，从而实现海底三维地心坐标基准。为了控制异常观测误差的影响，提高水下坐标基准传递的精度和可靠性，可以利用海底压力传感器等先验信息，采用抗差非线性参数估计方法解算水下基准站三维位置坐标。具体技术路线如图5-12所示。

我国 2000 国家大地坐标系首次实现于 2003 年，当时基于国际地球参考框架 97（ITRF97）的 2000 历元，经过我国 GNSS 大地控制网统一平差，获

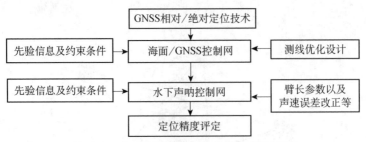

图5-12　海底三维坐标基准传递技术路线图

得各框架点相对于2000年的大地坐标。因此，为了确保水下定位结果与2000国家大地坐标系一致，需要进行不同地球参考框架坐标变换（党亚民和成英燕，2010）。例如，国际地球参考框架系列所对应的地球参考系统定义是相同的，但不同地球参考框架之间的基准定义不同，使得国际地球参考框架间存在一定差异（程鹏飞等，2014）。当给定参考历元为$t_0$时，由参考框架1和参考框架2间的14个变换参数，可将某点在参考框架1下的坐标$X_1$（历元为$t_1$）和它在参考框架2下的坐标$X_2$（历元为$t_2$）进行坐标变换。

为充分利用海洋环境、实测声速剖面测量等信息，需要研究各类系统误差的辨识与参数化补偿技术，解决附加参数的函数模型优化问题。基于海面控制网方差协方差信息，在海面控制点坐标先验约束下，再充分利用水下压力传感器等的观测信息，进行海面–海底大地控制网联合平差处理，便可提高水下定位的精度和可靠性。

## （二）陆海无缝海洋垂直基准构建

垂直基准主要包括高程基准和深度基准。海洋上缺少有效的基准站覆盖，因此，海洋垂直基准构建的基本方法是确定垂直基准参考面。我国高程基准参考面一般为似大地水准面，主要采用物理大地测量方法，联合多源重力场探测数据按莫洛坚斯基（Molodensky）边值方法计算；深度基准参考面为深度基准面，是相对于平均海面的高度（称为深度基准值），由海潮模型（潮汐调和常数）按公式计算，其中海潮模型可通过同化验潮站、卫星测高调和参数与潮波流体动力学方程来建立（暴景阳和许军，2013）。通过长期验潮站和CORS站并置测量以及卫星测高等技术，可以建立高程和深度基准之间及其与大地坐标框架的严密关系。以平均海面为中介面，确定平均海面大地高（称为平均海面高）和海面地形（平均海面与似大地水准面垂向差距）数值模型，实现深度基准面的垂向定位，从而建立高程基准与深度基准之间的转换关系，如图5-13所示。

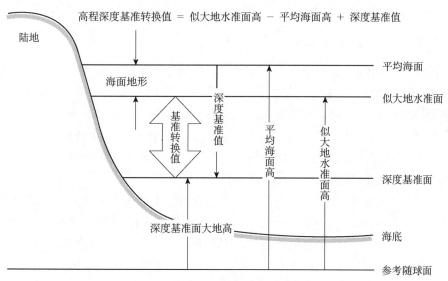

图5-13　垂直基准面转换关系示意图

资料来源：党亚民等（2012）

### 1. 大地水准面确定方法

当前，大地水准面的确定方法主要有三种，即GNSS水准法、边值问题法和综合法（陶本藻，1992；陈俊勇等，2003）。GNSS水准法通过空间定位和水准测量技术直接测定地面高程异常（似大地水准面高）；边值问题法通过大地测量边值问题求解地面高程异常；综合法是目前常采用的方法，它先利用大地测量边值问题确定重力似大地水准面，再由GNSS水准数据对重力似大地水准面进行拟合，形成最终的实用似大地水准面数值模型。似大地水准面属Molodensky理论范畴，边界面为地球表面。随着边界条件不同，解的形式也有所差别，主要包括重力异常、重力扰动和垂线偏差。

集成海岸带验潮站观测与多源地面重力、航空重力、船测重力和卫星测高等数据，可望提高海岸带重力场精度，并精化大地水准面。利用多源大地测量资料精化重力似大地水准面，一般可分成两个步骤：第一步，利用不同高度上的多源重力场数据，计算地面某种类型的平均重力场参数（重力异常、扰动重力或垂线偏差等），这个过程也称为重力场数据集成；第二步，按边值问题法在Molodensky框架中由地面重力场参数和数字地形模型（digital terrain model，DTM）计算重力似大地水准面（章传银等，2012）。为减少对计算区域外重力数据分布的要求，通常采用基于参考（全球）重力场（位系数模型）的移去恢复法。

### 2. 平均海面确定方法

平均海面是一定时期内海水面的平均位置，可由验潮站相应期间内每小时的潮位观测记录数据计算求得（李建成等，2001；姜卫平等，2002）。根据所取时间长度不同，平均海面可分为日平均海面、月平均海面、年平均海面和多年平均海面（文援兰等，1994；文援兰和杨元喜，2001）。有研究表明，全球海平面在20世纪逐渐升高，不少学者根据1993～2007年的卫星测高数据得出全球海平面有上升趋势。

根据长期验潮站水位观测数据分析得到的海平面长期变化一般是相对海平面变化，根据卫星测高资料分析得到的海平面变化一般是绝对海平面变化。平均海面除了长期变化趋势外，大于1年的长周期分潮主要有：18.61年周期的交点潮、9.31年的半交点潮、8.85年的近点潮，以及430天左右的极潮和由太阳黑子活动周期为11.13年引起的潮汐（暴景阳和许军，2013）。若不顾及海面的长期趋势性变化，只要取适当的潮汐周期进行平均运算，就可得到平均海面。通常认为18.61年的交点周期是平均海面观测的理想长度。一年的平均海面可以消除主要潮汐成分的贡献，它的变化幅度一般不超过±10 cm，海道测量中用于标定深度基准面的当地平均海面，可取一年或多年水位观测数据的平均值。

卫星测高资料能够覆盖广域的海面，且空间分辨率高，可有效弥补验潮站分布的地域局限，显著提高海面数据的采集范围，因而在各种空间尺度的海平面变化研究中得到了广泛应用。利用多源多代卫星测高资料精化平均海面高模型已成为当前通用的手段。通常要求数据处理的地球物理修正采用统一的模型。除此之外，不同测高卫星的组合方式和数据处理方法都可影响多年平均海面高确定的质量和精度。

### 3. 陆海垂直基准统一与基准转换

陆海垂直基准统一比三维坐标基准统一要复杂一些，后者只要经过GNSS联测即可实现陆海三维坐标系统的一致，但前者因涉及不同的垂直基准、不同的高度起算面，相对复杂一些。

利用卫星定位技术对验潮站进行精密联测，可求得验潮站多年平均海面的大地高，即多年平均海面高（MSH）模型。联测后的长期、短期（或沿岸陆地或海岛礁）验潮站多年平均海面高即可形成海洋垂直基准的参考框架，实现潮汐基准与陆地大地基准的衔接。

似大地水准面数值模型通过与 GNSS 水准数据进行最佳拟合，可实现参考框架与陆地大地基准统一，高程基准也转换为区域高程基准。这样，在研究海域，多年平均海面高数值模型与似大地水准面 $\zeta$ 数值模型的参考基准可得到统一。已知深度基准值 $L$，则深度基准面大地高 LH 为（党亚民等，2012）：

$$LH = MSH - L \tag{5-21}$$

似大地水准面与深度基准面的垂直偏差 $\delta$ 为

$$\delta = \zeta - LH = \zeta - MSH + L \tag{5-22}$$

可见，当已知多年平均海面高 MSH、似大地水准面高 $\zeta$ 和深度基准值 $L$ 数值模型，且空间分辨率相同时，就可按式（5-22）直接求得高程深度基准转换模型，即似大地水准面与深度基准面的垂直偏差数值模型。

## 四、海洋大地测量基准的维持与更新策略

### （一）海底基准站维护技术

海底基准站维护虽然复杂，但方法多样。海底基准站维护的大致过程包括如下环节：船舶布放—海底方舱自重固定—基准方舱位置初测或复测—海底长期服务—水下机器人辅助原位维护或舱体上浮维护等，其中海底方舱硬件系统的维护可用两种方案，即借助水下机器人的原位维护与更新法、上浮维修回置法（应急回收法）。

方法一：原位维护与更新法。主要借助水下机器人在原位对海底方舱进行维护与部分设备的更新。当系统在深海布放后，可采用搭载定位系统的水下机器人深入海底对系统进行原位维护作业，原位维护作业仅涉及更换新旧水下信标，并不对基座进行移动，保障海底大地控制点坐标的稳定。海底方舱原位维护的关键是准确判断所需要维修的部件或需要更换的器材，而且水下机器人要具备精确作业的能力。当然原位维修也可以利用水下机器人将部分需要更换的器部件上浮至海面，在海面完成人工维修再沉入水下，由水下机器人完成原位安装。这种原位安装的优点是，海底基准站位置基本保持不变，对于坐标框架的维持和地壳形变等连续监测分析有利。

方法二：上浮维修回置法。当系统无法实现原位维护时，启动应急回收机制，利用海面回收信标及浮力器材，将方舱上浮，更换设备或维修后，再将方舱系统进行回放，并利用水下机器人尽量完成方舱的原位安置。这种上

浮式的维修法，很难保持基准点位时序的连续稳定，给后续基准站的位置标校带来不少困难，为此需要考虑维护前后点位变动测量。一种改进的措施是，水下信标整体更换，即不是全部方舱上浮，而是整体声学信标上浮至海面，完成人工维修后，再下沉海底，由水下机器人完成新信标的原位安装。该方案技术实施简单，但经济成本较高。水下信标系统整体更换作业流程如图5-14所示。

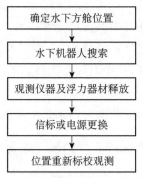

图5-14 水下信标系统整体更换作业流程

海底方舱的主要维护内容是电源补充和大容量存储数据获取。当然对海底基准站如果只是被动测量，则不存在大容量存储数据获取问题，因为测量载体主要在海面，测量数据也主要存储于海面的测量设备中。对于水下导航信标，只需要发送信标点的位置和时间（若海底方舱安置原子钟），也不存在大容量存储数据获取问题。但是对那些水下多功能监测方舱，由于连续监测的数据通常不能同步回传至数据中心，则在不回收海底方舱的条件下，比较可行的方案是通过ROV平台或深潜器下潜与海底方舱对接进行方舱充电和内记数据回收。为了实现与ROV或深潜器的对接，海底方舱上需要安装对接机械装置和高频信标，ROV平台或深潜器上需要安装一套超短基线定位系统。远程导引一般通过超短基线定位系统与海底方舱上的定位信标实现；近程高精度定位则通过超短基线定位系统与海底方舱上的高频信标实现；最后通过对接机械装置实现二者的对接。该维护方式经济成本较低，但技术实施难度相对较大。

## （二）海底参考框架维护技术

海底参考框架的维护与海底方舱的维护不同，海底参考框架的维护类似于陆地大地参考框架的维护，主要是点位基准坐标值的监测与更新。借鉴当前国际地球参考框架维持方法，可构建基于特定参考历元的海底基准站坐标、线性速率模型，并提取框架点的非线性运动信息；综合海底大地控制网多期复测资料，获取基准站坐标、速率及其不确定性信息，并结合海底控制点稳定性分类分级信息、板块运动的量级等，制定适用于海底坐标框架维持的策略和方法。

　　首先，综合考虑海底基准站的地质和构造稳定性以及坐标时间序列的稳定性，对海底控制点进行稳定性评估和分类。其次，根据控制网点间的变化量，结合控制网点覆盖水域的底质特征，确定海底大地控制网的维护周期；根据相对测量及无约束平差结果，分析网络的稳定部分和不稳定部分，研究最佳维护方法，实现海底大地控制网的有效维护。

　　针对海底控制点稳定性和运行状态不同，分类制定海底参考框架维持复测、更新的策略及具体措施，如图5-15所示。

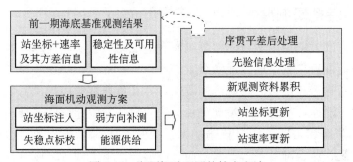

图 5-15　海面机动观测的技术方法

　　考虑不同期海洋大地测量基准观测一般基于不同的国际地球参考框架，可首先将不同期海底基准观测统一到特定的参考框架和参考历元下，然后开展海底控制点坐标时间序列分析研究，具体技术路线如图5-16所示。

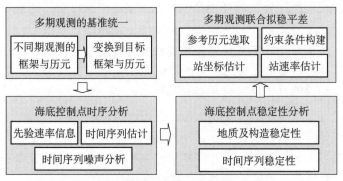

图5-16　多期观测联合的海洋大地测量基准建立与维持

# 第四节　海底基准信标装备研制关键技术

海底方舱研制涉及海底方舱的总体设计（杨雷等，2017；高翔等，2018）和方舱的加工制造，需要考虑便于深海方舱的布放、标校、测试和回收等操控，以及方舱系统的安装与海底维护等，还要兼顾方舱在海底的姿态稳定与安全防护等问题。进一步，海底方舱的核心部件——海底基准信标不仅应具备抗压、防腐能力，还应具备防拖曳、防溢流和长期驻留工作能力。

为了提高声呐信号检测能力，在设计海底方舱时，还要考虑海底基准信标频段选择问题，为了深海的信号传输，尽量选用低频、宽带，并选用跳频编码方式。

## 一、装备研制原则

建设海底大地控制网首先要解决海底基准站装置研制问题。海底基准站装置的最简配置包括基座、能源装置、声学定位信标、防护装置和稳定配重结构等，若进一步结合海底综合观测需要，还可兼容集成、重力仪、温盐深传感器以及流速计等海洋环境观测传感器。海底方舱和海底基准站装置要具备抗压、防腐和长距离信号传输能力，同时海底基准站装置还应具备放得稳、待得久、测得准等基本要素，而且能够在水下大部分区域进行快速布放与回收维护。考虑到中国大部分海域水深不超过 4000 m，全球大部分海域水深不超过 7000 m，为了适应大部分海床深度布放，海底基准站装置应能承受大于 6000 m 水深压力，如此，才可用于绝大部分海域的海底大地控制网建设。综合上述，将海底方舱设计的因素归纳如下。

（1）海底基准站方舱选择不锈钢或钛合金等高强度耐压防腐材料，并附加稳定基座设计。

（2）深海基准站方舱需要具备抗海底时变流场和海底沉积物的影响的能力，其整体结构应采用溢流设计和稳定坐底设计。

（3）浅海基准站方舱不仅需要采用溢流结构，还需要具备防拖曳能力，应该采用溢流型防拖曳结构，避免人为或其他因素破坏。

（4）整体结构设计时，为了减少与海水密切接触的插件数量，应采用穿舱件设计以提高系统可靠性。由于整体结构组装后体积较大，可采用分离式标准结构装配组成，能够有效节省空间，提升海上作业效率。

在信标信号设计方面，基于声学原理的信号设计需要考虑波形、声学频段选择和带宽设计等要素。声信号波形设计需要考虑波形的稳定性和分辨率两方面因素。信号波形带宽越宽，相同声源的谱级越低，因此在相同声源级条件下，宽带信号的谱级低于单频信号，而且低于海洋环境噪声，不易被监测。此外，声波信号的时间分辨率越高，测距精度也越高。进一步，信号波形设计还要考虑信号的编码设计，既要确保检测的便利性，也要考虑编码破解难度。通常采用直扩序列或跳频编码方式，提高检测信噪比和编码的复杂性。

在频段选择方面，目前成熟的定位系统产品主要分为低频（1 kHz左右，甚至小于1 kHz）、中频（8～16 kHz）和高频（20～30 kHz）。值得注意的是，中频频段的最大作用距离一般为10 km左右，因此，在装置设置时要考虑信号的通达性、信号传播特性和时变噪声的影响控制等。随着声呐频率的减小，作用距离变大，测距精度也随之变低，由此，需要研究多频组合的海底基准信标，高频信号主要面向大地测量等高精度用户以及海底基准站位置确定，而低频信号主要满足长距离声学导航定位服务需要。

在海底基准站工作寿命设计方面，海底基准站装置的寿命是海底大地控制网长期可用性的核心指标之一。这不仅涉及海底方舱本身的可靠性设计，更取决于方舱持续工作的能源补给。在设计海底方舱时，能源替换的便捷性也必须纳入海底基准装置的设计框架内。

对于可回收的机动水下导航定位基准站，参照长期独立坐底式监测平台海床基以及短期海底观测系统的设计经验，水下基准方舱可考虑两种回收方案。

第一种回收方案：整体回收式结构。

海底基准站方舱的整体回收结构相对容易设计，因为所有载荷都可以随着方舱共沉浮。将压载重物与各种搭载设备等集中在一个框架结构之上，浮力材料通过缆绳及声学释放机构与框架相连接，通过船舶有缆布放于海底；回收时，首先通过声学指令，触发释放机构释放浮力材料，浮力材料将拖曳缆绳带至海面，然后打捞浮力材料及缆绳，通过船舶绞车及缆绳将布放于海底的方舱进行整体回收。

整体回收式方舱结构简单，浮力材料提供的浮力只需将回收用的缆绳浮至海面即可。这种结构计算方便，并可节省大量的浮力材料成本。但存在两方面的安全风险：①浅海底质多为淤泥底质，整体式方舱结构较重，陷入淤泥内部分过多可能会导致船舶绞车的提升力无法克服方舱周围淤泥的吸附力，进而导致设备无法回收。②一旦发生提升力过大，回收缆绳崩断，则将导致设备彻底无法回收。因为搭载仪器与压载重物集成后可能陷在海床内，可能会发生海底沉积物掩埋设备及近底生物干扰的风险，导致设备无法正常工作或工作精度下降。

第二种回收方案：部分回收式结构。

部分回收式结构的设计相对复杂。需要将浮力材料及各种搭载设备集中到一个框架上布置，压载重物与框架仅通过声学释放机构相连接，通过船舶有缆布放于海底。回收时，仅通过水面指令释放声学释放器，完成压载重物的抛载，通过浮力材料将框架及搭载设备浮至海面回收。

分体回收式方舱由于压载重物是不回收的部分且位于整个系统的最底层，不存在整体回收式方舱的安全风险，但由于框架和搭载仪器都需要靠浮力材料的浮力带至海面，需要用到更多的浮力材料，增加了设备的制造成本，同时浮力材料的增加会导致相应配重的压载重物增多，使方舱系统整体变得笨重，并导致对母船吊放系统的技术要求大幅度提升。

综合考虑以上两种海底方舱的经济性和安全性特点，实践中，水下可回收方舱设计方案一般采用分体式结构，将整个海底方舱分为上下两个部分设计，上部为方舱舱体，下部为可弃缓冲固定基座。其中，方舱舱体用于搭载各种实验仪器及探测设备，并用浮力材料包裹，通过声学释放机构连接到基座上，以实现自主非潜水回收；基座用于固定方舱舱体，能够有效防止渔网拖曳，保护内部仪器设备。

## 二、浅海基准方舱设计

浅海基准方舱比深海基准方舱设计相对容易。浅海基准方舱侧重考虑保护内部仪器设备，并有效防止渔网拖曳，因此在设计方舱时，可降低海底基准设施维护成本。浅海基准方舱需要综合考虑稳固、防腐、防拖、抗压和双信标优化设计。考虑浅海与不同工况，为满足水下控制点布设工作需要，海底导航定位信标还应考虑设备回收与维护需求（张毅等，2013），海底长期连续大地测量基准站还应考虑原位维护技术。在浅海方舱设计中，主要存在如下三种可选设计方案，即四棱台浮力材料式结构、曲面形浮球式结构和抗淤泥曲面浮球式结构。

### （一）四棱台浮力材料式结构

四棱台浮力材料式结构方舱由四棱台固定基座与机芯组成。在图5-17中，底部灰色部分为固定基座，设计成防拖网的四棱台结构，上部可分体部分为浮力材料，中间部分为方舱机芯，其中机芯为长圆柱体结构，通过声学释放机构固定在基座上且能够在海面触发信号的作用下与基座分离，在浮力材料的浮力作用下上浮到水面。

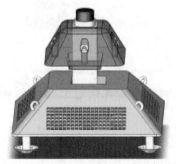

图5-17　四棱台浮力材料式浅水海底方舱

## （二）曲面形浮球式结构

如图5-18所示，曲面形浮球式结构侧重浅海防拖网拖曳设计。针对浅海渔业拖网、流网等网具设计的结构，除采用四棱台结构外，还可以采用基于曲面流线型设计理念的玻璃钢防拖网罩。与四棱台结构相比，曲面形浮球式结构具有低轮廓、对局部流场影响小的特点，有些水下观测平台采用异形浮体材料以达到曲面设计的目的。

图5-18　曲面流线型防拖网罩

为降低成本，可考虑采用方舱内部设置浮球、外部加以流线型防脱网罩进行防护的设计。内部采用框架结构，如图5-19所示。防拖网海底方舱除进行流线型防拖网罩的设计外，还需要适当地增加平台重量，以保证其抗拖拉能力。

海底方舱被布放于海底时，会受到洋流及附近水的冲刷作用，可能导致海底方舱本体随着水流漂移而产生位移，导致海底基准观测点失稳。因此，需要考虑减小方舱的水流冲刷效应以及增加方舱的坐底吸附力，从方舱稳定角度进行方舱的整体结构设计，可避免这一不利后果，实现舱体的长期稳定坐底。

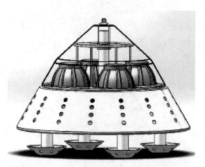

图5-19　曲面形浮球式浅海海底方舱

第一，在浅水方舱的基座外罩上开设多个通水孔，减小水的流动冲刷对方舱体的冲击效应，在基座整体质量不改变的前提下，使方舱具有更大的稳定性。

第二，针对浅海海底底质多为淤泥底质的特点，在基座框架底部设置四根支腿，这四根支腿同时承担着压载重物的作用，支腿底部为倒圆锥形的持力垫脚，舱体坐底时的压力完全集中在四个垫脚上，使基座框架在海底底质中下降的深度更大，增强海底底质对方舱的吸附作用，使方舱更加稳定。

海底底质对潜坐于海底结构体的吸附力受多种因素影响，极为复杂，不确定因素较多，而且理论分析困难，因此试验研究是必要的手段。海底方舱系统无法像潜水器那样设置螺旋推进装置，可以考虑在方舱底部设置缓冲装置和重力调节装置，以减小系统坐底时的冲击力。最后需要根据初步设计的浅海海底方舱系统方案，对方舱系统结构尺寸参数进行估算。

## （三）抗淤泥曲面浮球式结构

抗淤泥曲面浮球式结构的主要设计要点是抗淤泥。由于基座采用框架结构，其下方的海底沉积物可以很轻易地进入上部的仪器搭载舱体内部，容易干扰仪器设备正常运行，并且由于压载重量主要集中在方舱的四根支腿上，在海底淤泥较深的海底，有方舱整体被淤泥覆盖的风险。为防止方舱坐底后的海底沉积物没过四根支腿进入仪器舱体内部，可以考虑引入平板式抗淤泥底座结构，该结构不仅可以避免海底底质进入舱体内部干扰仪器运行，还可以在方舱布放海域淤泥沉积较深时，淤泥没过支腿后，阻挡淤泥继续淹没整个方舱本体，保证整个方舱本体的正常回收。

曲面浮球式结构由于方舱整体采用了较大的高宽比，使整个系统的稳定性较低，方舱存在海底洋流流速过大时产生倾覆的隐患，导致方舱无法回收。针对这一弊端，考虑采用更小的高宽比，降低方舱舱体的重心，增强其稳定性，如图5-20所示。海底方舱的浮球与方舱框架及搭载仪器固接在一起，共同上浮至海面进行回收。

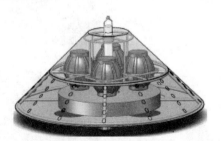

图5-20　抗淤泥曲面浮球式浅水海底方舱

## 三、深海基准方舱设计

深海型方舱结构与浅海型方舱结构有所不同，由于布放深度较大，通常不需要防拖网拖曳，但深海型方舱工作环境具有水压大、海水腐蚀严重的特点，通常需要承受30 MPa以上的压力，因此在方舱的加工过程中优先选择坚固、可抗高压的材料进行制作。在图5-21中，深海型方舱底部部分为固定基座，上部为浮力材料，中间部分为方舱机芯和其他附加装置。

图5-21　深海型方舱结构

## 四、海底多信标方舱设计

海底基准信标的核心器件是高精度时延测量系统（贾立双等，2015），其总体结构如图5-22所示。考虑全球海洋水深分布，深海海底基准信标耐压深度设计不小于6000 m，时延测量精度优于100 μs。

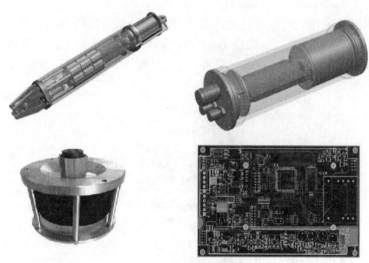

图5-22 海底基准信标

抗淤防拖型海底双信标方舱方案。在单信标方案基础上，考虑海底环境的复杂性，可以设计成互为备份的双信标定位体制（图5-23）。

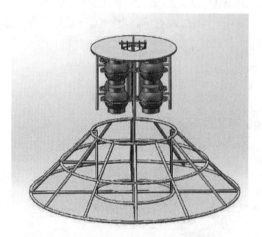

图5-23 海底双信标方舱设计方案

深海海底四信标方舱方案。深海海底四信标方舱是对双信标体制的进一步备份。根据国内研制单位的研究，以及借鉴国外同类型的深海海底方舱研制经验，增加互为备份且信标间距大于1 m的深海海底四信标方舱具有更可靠、更连续的水下工作能力（图5-24）。深海海底四信标方舱可搭载1～4个信标，信标之间可互为备份，也可协同作业，可有效提高海底方舱的定位精度和单信标导航定位服务能力。

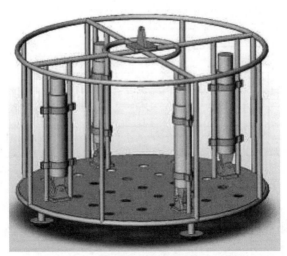

图5-24　深海海底四信标方舱设计方案

需要指出的是，若海底多信标之间定期开展时间同步测量或定期采用原子钟授时同步，则有望作为短基线声呐基阵，实现单基准站导航定位，实现类似于常规海面短基线导航定位系统功能。因此，若要提供被动式声呐导航定位服务，海底基准信标时间同步问题不仅仅涉及多个点组间的时间同步，也涉及局部基准站组的时间同步问题，还可能涉及多基准方舱中不同基准信标的时间同步问题。

## 五、海底多传感器方舱设计

海底多传感器方舱侧重海底方舱的节约、高效和集成。针对海底大地控制网建设需求，海底方舱可以配置温盐深仪（conductivity，temperature，and depth；CTD）等海洋环境观测传感器，其中温盐深传感器可以在海底方舱布放过程中测量海区的温度、盐度、深度数据，用于海底控制点位置标定过程中的声线弯曲修正数的计算或观测函数模型的精化。除了实现海洋大地测量基准和海洋导航定位外，未来海底方舱还可以同时用于海洋环境监测、海洋军事侦察、海洋重力测量等。因此，未来海底方舱可以设计成一个综合性的海底测量平台，可以根据需求搭载相应的测量设备和保障设备，如流速剖面仪、数字水听器阵列、重力仪、磁力仪、超短基线定位系统、应答释放器、地震仪、海洋生物监测设备等。如图5-25所示，未来海底方舱配置有完备的供电系统和中央控制系统，用于对搭载的设备进行供电、操作控制和测量数据汇总。

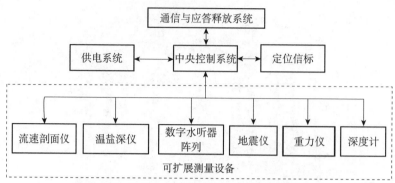

图 5-25　海底方舱多传感器设备配置解决方案

## 六、海底基准方舱制造工艺

### （一）海底方舱舱体

方舱舱体设计主要包括耐压舱体设计制造、舱体内部构造设计以及可回收设计等。

（1）耐压舱体设计制造。根据最大工作水深进行舱体设计，开展舱体耐压强度计算与校核，完成耐压舱体设计。综合考虑长期海底放置情况下的生物防护与化学防护手段，采用适当工艺和材料进行加工制造。

（2）舱体内部构造设计。根据海底方舱内部设备的尺寸、形状、强度及电磁防护要求，综合考虑器件散热、电磁干扰抑制、可维护性等方面，开展海底方舱内部的分区、舱段分隔与设备分布状态研究。

（3）可回收设计。结合海底方舱机芯和释放机构的具体特点，综合考虑水密及防腐蚀要求，针对海底方舱的回收机制，设计方舱周边浮力材料的安装策略，实现海底方舱释放后的自主上浮。

### （二）海底方舱基座

如图5-26所示，海底方舱基座设计可考虑采用永久性或非永久性基座，其中，非永久性基座满足机动海底大地测量观测与导航定位需求。

图 5-26　曲面防拖可弃式基座

海底基准方舱基座可考虑如下设计制造方案。

第一，海底坐底固定装置设计制造。

海底坐底固定装置设计的核心是放得稳。针对海洋大地测量基准高精度固定的要求，应该采用海底方舱系统自重方式固定，设计制造时还应该包含坐底缓冲装置的底部基座，实现海底方舱的稳定坐底与固定。

第二，斜面式防拖网机构设计制造。

针对海底可能存在的拖网、异物等影响，设计与制造曲面形防拖网外罩，对海底方舱进行防护。

第三，长期观测的耐腐蚀及安全防护。

综合考虑长期观测可能带来的生物附着、生物腐蚀、海水腐蚀等影响，研究相应的安全防护策略，应该充分利用可弃式基座减少长期观测可能对海底方舱系统产生的影响。

第四，基座制造材料比选。

底座材料的选择是整个底座防腐抗压的核心。基座是整个系统中体积最大的部分，也是需要消耗材料最多的部分，还是其他部分固定的基础，因此，底座的材料选择对整个系统工作的可靠性和制造成本有着重要影响。考虑其在海底需要承受较长时间的海水腐蚀、洋流冲击、生物附着，必须采用强度较高同时耐海水腐蚀的金属材料制造。目前，海洋装备领域较常使用的金属材料主要有316L不锈钢、双相不锈钢、钛合金等。

为了节约成本以获得综合效益，一般使用普通304不锈钢制造即可，而浅海布放基座使用316L不锈钢制造，深海布放基座使用双相不锈钢制造。

第五，方舱基座参数确定。

根据方舱系统拟搭载的设备，需要整体优化设计方舱系统搭载框架的结构。首先，需要确定搭载框架与搭载仪器总体重量，结合海底底质的土力学参数及对海底方舱系统的布放速度和回收上浮速度的要求，确定舱体上浮所需的浮球数量，以及基座重量和所需浮力；其次，针对基座重量及框架的尺寸确定基座的尺寸参数，建立水下基座的吸附力模型和水动力学模型，并进行仿真分析和水中试验研究。

海底方舱系统重力估算。海底方舱主要由机芯、基座及浮力材料三部分组成，机芯会在浮力材料的浮力作用下上浮到海面。

海底方舱防冲击措施。由于整个系统在水中的重力较大，直接投放时会在海底产生很大的冲击力，为了减小冲击力，可在系统内部增加浮力调节装置对整个装置的浮力进行调节，进而减小整个系统到达海底时的冲击力。

海底方舱下放速度模拟。为了装置的布放安全，需要对整个系统下沉的速度进行计算，物体下沉受水的浮力、阻力、自身重力影响。根据流体力学经验公式，水中阻力和运动方向截面积、运动速度成正比。整个系统结构较为复杂，直接计算其速度较为困难，可对系统下沉速度进行数值模拟计算。

### （三）海底方舱防腐工艺

海底方舱系统的安全保障系统设计通常包括三方面，即防材料腐蚀、防生物附着和防泥沙淤积。

（1）防材料腐蚀。海底方舱金属构件在海洋环境中易发生腐蚀，这种腐蚀具有普遍性、隐蔽性、渐进性和突发性。由于海洋环境是一种复杂的腐蚀环境，在这种环境中，海水本身是一种强的腐蚀介质，同时波、浪、潮、流又对金属构件产生低频往复应力和冲击，加上海洋微生物、附着生物及它们的代谢产物等都对腐蚀过程产生直接或间接的加速作用。为防止海洋环境对海底方舱的腐蚀，除正确设计金属构件、合理选材外，还需要辅助以下几种方式：①对方舱本体采用厚浆型重防式涂料；②对方舱内部重点部件采用耐腐蚀材料包套；③在设计方舱结构件时考虑到足够的腐蚀余量；④对部分易腐蚀部件采用牺牲阳极的方式处理。

水下平台多采用耐海水腐蚀的金属材料（如316L不锈钢）和高分子材料（如高密度聚乙烯）。金属材料方舱的特点是重、稳固、配以专业布放回收设备，再涂上防腐蚀涂料，加载牺牲阳极，可以保护金属支架、外壳、螺丝和仪器不被腐蚀；高分子材料方舱的特点是轻便、耐海水腐蚀、便于布放。无论是不锈钢材料还是高分子材料，都可作为耐海水腐蚀的方舱研制材料。

（2）防生物附着。布放在海底的方舱舱体不可避免地会受到海洋附着生物影响，海洋附着生物在生态功能上具有多样性，种类繁多，能够耐受海洋特有的高盐、高压、低营养、低光照等极端条件，是影响海洋设施安全与使用寿命的重要因素。因此，生物附着对金属进行腐蚀的形式和机理也是多样的。针对海底方舱，海洋生物的附着一是破坏舱体内部金属构件的漆膜，加速金属构件的腐蚀；二是海洋生物附着在搭载的仪器设备之上，干扰数据信号的传输；三是堵塞舱内仪器传感器探头，影响仪器测量精度。迄今，采用防污涂料喷涂舱体表面依然是防止海洋生物附着的经济有效的措施。防污涂料的类型有传统型防污涂料、释放型防污涂料、烧蚀型防污涂料、自抛光型防污涂料和自释放型防污涂料。

（3）防泥沙淤积。海底方舱在浅海应用时，泥沙淤积是影响海底方舱使用寿命的重要因素。在泥沙淤积严重海域，泥沙淤积可使释放装置无法正常释放，甚至有可能使整个舱体都被泥沙掩埋，从而导致舱体无法正常回收。如前所述，可使用基座支腿、在基座底部侧面开设通水孔以及提高释放器安装位置来抵抗海底泥沙的沉积影响。同时，可采用可弃式基座承担配重的作用，由于基座具有一定高度，将方舱布放于海底时，海底泥沙易在海流作用下流过基座，而不易在上部仪器舱内形成泥沙淤积，可有效保护方舱内部仪器。

### （四）海底方舱定型加工

浅海抗淤防拖型海底单信标方舱样机研制与试验。国内有关单位已经开展了海底方舱研制与试验，如图 5-27 所示。先进行浅海海底方舱的总体设计、详细设计及加工图纸设计，然后是浅海海底方舱样机的加工与总装。我国"十三五"期间自主设计的海底方舱已申请知识产权保护（杨雷等，2017；高翔等，2018）。

图5-27　浅海海底单信标方舱样机加工图

# 第五节　海底空间基准试验网构建

我国海底空间基准空白，缺少成熟的工程建设经验，因此，需要在开展浅海海底大地控制网建设流程测试的基础上，面向国家海底基准工程建设技术难度更大、方舱性能要求最高、海洋环境误差影响大的深海海底基准开展关键技术验证，构建深海海底空间基准试验网和声呐导航服务试验验证系统。

# 一、试验网设计的目标和内容

## （一）目标

试验网试验的主要目标是进行海底大地控制网勘选、观测、控制网数据处理等全流程技术验证，为我国海底空间基准建设提供第一手海底空间基准观测资料，积累海底空间基准建设经验，测试海底空间基准相关装备的技术性能。

## （二）内容

根据试验网的试验目标，优先选择我国较深海区进行试验。选择南海北部3000 m水深海域作为深水试验区，测试深海方舱的主要性能指标，开展深海方舱布放与回收能力测试，验证深海海底空间基准站勘选、标校和回收作业技术流程；开展深海信标工作深度、测距精度以及工作时长等测试，探索在3000 m工作水深条件下，通过GNSS-A观测精密后处理，验证海底空间基准站定位精度；通过在海底布设不少于5个海底基准站，测试验证海底空间基准的声呐导航定位性能，包括海底大地控制网内和网外的导航定位能力；同步开展海洋重力测量、海域大地水准面精化与精度测试、船载多GNSS定姿测试，以及海面多传感器松组合导航定位试验等，具体包括以下内容。

### 1. 方舱布放和回收

测试验证深海方舱在3000 m水深条件下的运行状况，以及深海布放方案的可行性；通过遥控声学释放器装置，验证深海方舱分体功能和声呐设备回收能力。

### 2. 海底基准声呐信标性能测试

测试海底基准信标在3000 m水深条件下的抗压能力和时延测量精度，验证其有效工作距离和长期稳定工作能力。

### 3. 水下压力传感器校准、性能测试

开展试验前压力传感器校准工作，并测试深海压力传感器性能；测试大

气和海洋潮汐对压力传感器观测的影响；验证压力传感器观测用于改善海底基准站高程方向定位精度的技术方案。

4. 海底基准站数据处理

开展测区勘选与海底大地控制网优化设计，对比验证多种海面测线布控方案，测试声速剖面观测时效性对海底基准站定位精度的影响；开展海底基线声呐观测，联合海底基准站标校观测，开展海面–海底大地控制网联合数据处理。

5. 海底大地控制网的导航定位性能验证

优先开展海底大地控制网的声呐导航服务作用距离，评估其导航定位服务信号的可用性和空间覆盖情况，以及网内和网外导航定位精度。

（三）技术路线

总体技术路线主线为：①由 GNSS-A 观测实现海底基准站定位；②由海底声学装置实现水下定位导航；③测试验证海底空间基准建设的主要技术流程和声学辅助的海洋多传感组合导航定位能力。

其他试验包括：①多源重力数据融合实现海域大地水准面精化；②重力异常图构建，为重力匹配导航提供试验数据；③开展船载 INS/重力测量；④开展 INS/重力匹配导航定位，为海洋多传感器导航提供惯性和重力匹配两种导航信息源。总体技术路线如图5-28所示。

## 二、海底空间基准试验网设计

2019 年，我们分别在东海和南海海区进行了海底基准站建设与基准网布设、观测、数据处理试验以及声学导航和重力匹配导航试验。海底空间基准构建试验分为 A 和 B 两套方案，互为备份，每个解决方案均采用 5 套海底信标，其中 A 方案采用圆标单点标校方案，B 方案采用多点同步标校方案。

海底空间基准试验网方案采用一个基准站作为主站，其余基准站作为辅站，构成基准站组，主站置于中间，辅站呈四边形布置（图5-29）。对于特定区域的水下PNT应用需求而言，海底大地控制网可在上述基本网型基础上进行扩展或加密。

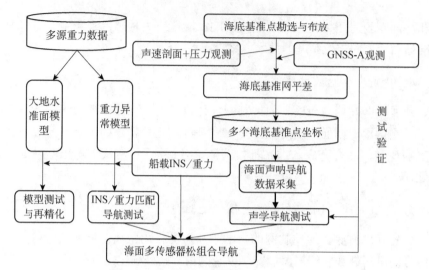

图5-28 海洋空间基准网总体技术路线图

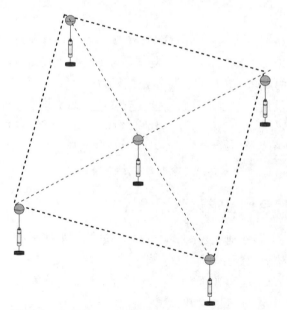

图5-29 主基站（1个）加辅基站（4个）布网形式

海面GNSS-A测线设计采用如图5-30所示构型，每个点进行一次圆半径约为0.5倍水深的圆走航观测。此外，对5号点进行一个半径为1.5倍水深的圆走航观测和交叉"十"字观测。

相对于陆地观测环境，海洋环境相对恶劣，观测数据异常误差偏多，这种异常误差对点位最小二乘估计结果有较大影响。为控制异常误差影响，计

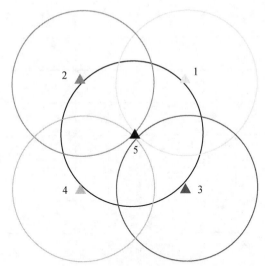

图5-30　海底大地控制网观测方案

算中采用IGG Ⅲ方案抗差估计法（杨元喜等，2002；Yang et al.，2002）进行数据处理。为比较不同的观测策略对结果的影响，采用如下观测方案数据进行计算。

方案1：采用圆半径约为0.5倍水深的圆走航观测。

方案2：采用圆半径约为1.5倍水深的圆走航观测。

方案3：采用过顶"十"字观测。

方案4：圆形测量加过顶"十"字观测。

为了消除深度压力传感器零点误差，需要在安装前进行标校；为了消除长基线设备安装误差，需要在海底标校前进行安装误差标校；为了精确估计声线延迟和弯曲误差，同时考虑时变影响，要求按一定时间间隔观测一次声速剖面。待全部观测完成后，回收其中9套信标，保留1套信标用于后期测试长期连续观测能力。

为了测试海底大地控制网的导航定位能力，我们还设计了海面声呐导航验证测线，如图5-31中倾斜测线所示。

## 三、试验区选取与实施

我们选取两个试验区：浅海试验区选在山东青岛；深海海底空间基准建设及导航技术试验区选在我国南海海域，主要开展海底空间基准构建、声学导航定位和多传感器组合导航定位试验。

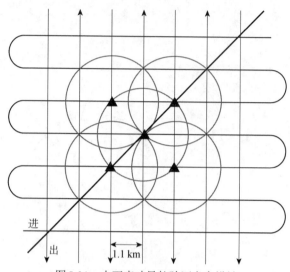

图5-31　水下声呐导航验证方案设计

　　深海双信标方舱采用绞车缆绳吊放模式，由母船的地质绞车缆绳将深海双信标方舱送至近海底释放。为防止深海双信标方舱在海底触底后被绞车缆绳拖带造成侧翻或损坏，利用多波束测深以及信标测深相结合，当深海双信标方舱距海底100 m时，由缆绳下端的释放器将深海双信标方舱释放，使深海双信标方舱自由下落，如图5-32所示。

图5-32　深海双信标方舱现场布放

　　深海单信标方舱采用海面投放自由落体的模式，由母船的地质绞车缆绳将深海单信标方舱送至海面释放，如图5-33所示。

图5-33　深海单信标方舱现场布放

深海双信标方舱和深海单信标方舱在水下完成标校工作后的回收方案包括：①试验船航行到海底方舱布放位置上方附近，由母船发送信标释放器触发信号，方舱上浮部分和海底基座完成脱离，上浮部分依靠自身的浮力实现上浮；②上浮过程中，作业人员随时监测信标的上浮速度、即时深度；③上浮到水面后，后甲板作业人员利用长钩子或手抛钩捞起浮球绳，将浮球绳挂到地质绞车末端，完成水下两种方舱的起吊、回收，如图5-34所示。

图5-34　深海单、双信标方舱现场回收

## 四、观测试验与数据处理和分析

### （一）海底大地控制网数据处理结果

2019年7月14～15日，在中国南海对5个海底应答器进行了试验观测，其中5号应答器采用方舱固定，其他4个应答器采用绳系固定，对每个应答器开展交叉网型观测。以图5-35所示的GNSS-A"井"字测线为例，从图

5-36中可以看出，受海洋潮汐影响，换能器相对椭球面的高度是随时间变化的，变化的幅度约2 m，换能器位置的垂直坐标分量随机误差为几十厘米。为减少随机误差影响，需要增加声学测距观测数。

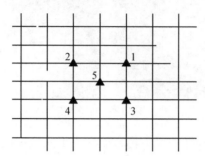

图5-35　海底应答器位置与海面GNSS"井"字测线关系

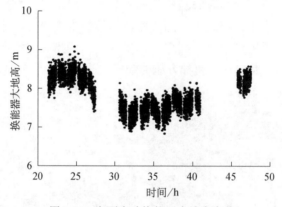

图5-36　海面声呐换能器大地高变化

表5-1给出了采用最简弹性模型计算的5个海底基准站位置。表5-2给出了5个海底基准站采用考虑周期误差的迭代弹性模型估计结果。其中，N、E和U分别代表北向、东向和天顶方向，RMSE表示三维坐标误差均方根。

表5-1　不考虑周期误差的弹性定位模型结果

| 站号 | 坐标 | | | 标准差 | | | RMSE /cm |
|---|---|---|---|---|---|---|---|
| | N/m | E/m | U/m | $m_N$/cm | $m_E$/cm | $m_U$/cm | |
| 1 | 871.910 | 909.909 | 77.344 | 1.7 | 1.8 | 2.9 | 43.7 |
| 2 | 881.462 | −1114.645 | 62.978 | 3.1 | 3.4 | 5.2 | 79.7 |
| 3 | −1130.315 | 907.879 | 64.345 | 2.4 | 2.4 | 3.7 | 56.7 |
| 4 | −1033.852 | −1094.684 | 53.202 | 3.4 | 3.6 | 5.5 | 85.1 |
| 5 | 0.432 | 0.139 | 0.849 | 1.9 | 2.0 | 4.0 | 56.5 |

表5-2　考虑周期误差的弹性定位模型结果

| 站号 | 坐标 | | | 标准差 | | | RMSE /cm |
|---|---|---|---|---|---|---|---|
| | N/m | E/m | U/m | $m_N$/cm | $m_E$/cm | $m_U$/cm | |
| 1 | 871.908 | 909.909 | 77.343 | 0.4 | 0.4 | 0.2 | 10.6 |
| 2 | 881.462 | −1114.644 | 62.978 | 0.4 | 0.4 | 0.2 | 10.5 |
| 3 | −1130.318 | 907.881 | 64.346 | 0.4 | 0.4 | 0.3 | 11.0 |
| 4 | −1033.855 | −1094.683 | 53.203 | 0.4 | 0.4 | 0.3 | 11.2 |
| 5 | 0.431 | 0.140 | 0.849 | 0.4 | 0.4 | 0.2 | 10.4 |

从表5-1和表5-2中可以看出，考虑周期误差的弹性观测模型的定位结果，N、E、U三个坐标分量的标准差分别为0.4 cm、0.4 cm、0.3 cm，5个海底基准站的平均声学测距残差均方根为10.74 cm。无论是从标准差看还是从RMSE看，采用具有周期误差项的弹性观测模型都显著改进了水下基准站的定位精度。

（二）基于海底基准的水下声呐导航定位数据处理

水下声学定位试验根据船底换能器与5号海底应答器之间的距离分为两个轨迹。轨迹1的观测时间长度约为62分钟，在此期间船底换能器航行约9.2 km，观测总数为309。轨迹2的观测时间长度约为21分钟，在此期间船底换能器航行约3.1 km，观测总数为104。水下声学导航时，海底应答器与船底换能器的平面位置关系如图5-37所示。

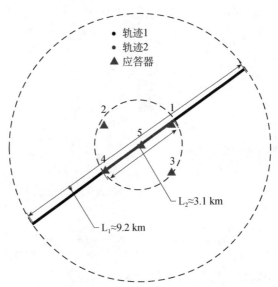

图5-37　水下海底应答器与船底换能器位置关系（文后附彩图）

表5-3给出了采用轨迹1和轨迹2数据测试海底基准站网导航定位结果的位置平均偏差及其分别代表北向、东向和天顶方向的位置标准偏差，其中，N、E和U分别代表北向、东向和天顶方向，RMSE表示三维坐标误差均方根，$n$表示成功定位历元数。

表5-3　水下声学导航定位结果

| 轨迹 | N/m | E/m | U/m | $std_N$/m | $std_E$/m | $std_U$/m | RMSE/m | $n$ |
|---|---|---|---|---|---|---|---|---|
| 1 | 0.32 | 0.26 | 0.04 | 0.59 | 0.62 | 0.47 | 1.06 | 302 |
| 2 | 0.51 | 0.32 | −0.04 | 0.30 | 0.26 | 0.12 | 0.73 | 104 |

从表5-3中可以看出，第一，采用轨迹1数据进行LBL水下声学定位的成功定位个数为302，有7个历元定位失败，定位的成功率约为97.7%，其中3个历元是因为观测个数少于3个，4个历元$\sqrt{V^TV/n}$的值大于1 m。第二，采用轨迹2数据进行LBL水下声学定位的成功定位个数为104，在使用轨迹2数据进行LBL水下声学定位测试期间，所有观测历元均定位成功。第三，在5个应答器覆盖区域内进行LBL水下声学定位时，船底换能器的三维位置误差约为0.73 m，其中垂直方向的误差小于0.13 m。这表明5个海底应答器的垂直坐标具有较高精度。水平方向存在系统偏差，可能是由4个锚固应答器运动引起的。

图5-38给出了水下声学定位坐标与GNSS测量得到的坐标差异。图5-38（a）表示采用轨迹1声学数据计算出的结果，图5-38（b）表示采用轨迹2声学数据计算的结果。黑点表示北向的坐标差，红点表示东向的坐标差，绿点表示天顶方向的坐标差。

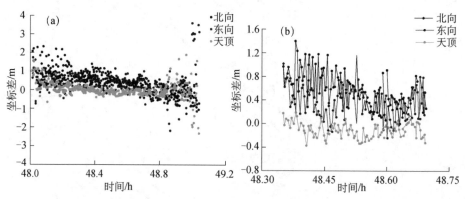

图5-38　船底换能器的声学定位与GNSS定位差值序列图（文后附彩图）

从图 5-38 可以看出，轨迹 1 数据计算的坐标最大差异小于 4.0 m，轨迹 2 数据计算的坐标最大差异小于 1.6 m。在 5 个应答器覆盖区域内进行 LBL 水下声学定位时，船底换能器的三维位置误差约为 0.73 m，其中垂直方向的误差小于 0.13 m。当在网外覆盖区域内进行定位时，船底换能器的三维位置误差约为 1.06 m，其中垂直方向的误差小于 0.48 m。水下定位结果表明，5 个海底应答器的垂直坐标均具有较高精度。

声呐导航定位试验表明，定位有效率超过 95%，基于深海高精度位置基准可以实现分米级定位精度，基准站网也具有良好的实时定位导航能力。

## （三）船载重力数据分析

船载重力测量的目的是验证重力匹配导航能力，测试实时重力测量的精度水平，然后进行重力匹配导航验证。试验测试表明，同一条测线的测量数据滤波结果两次测量的内符合精度在 ±0.69 mGal，结果如图 5-39 所示。

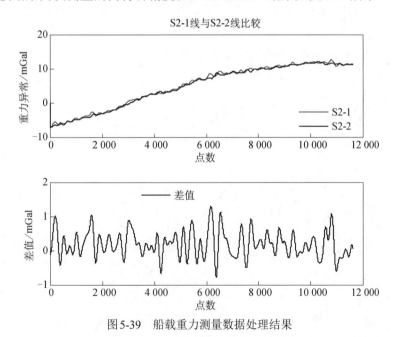

图 5-39　船载重力测量数据处理结果

选择重力变化起伏较大的区域作为重力匹配区，这样有利于敏感重力的变化。测量匹配区的测线设计成"米"字形，如图 5-40 所示。由于时间紧、试验任务重，实际试验取消了 L1 测线，试验执行 L2、L3、L4 测线，其中，L3 为重复测线。为区分两次 L3 测线，本实验中，以 L3（1）和 L3（2）分别指代第一次和第二次的L3测线。

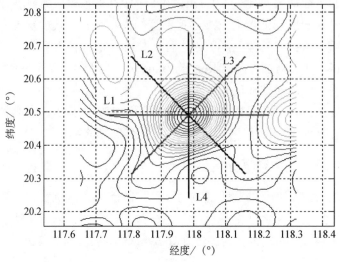

图 5-40　测量匹配区测线设计

在图5-41中，黑色箭头指示方向代表第一次匹配测线航行方向，绿色箭头指示方向代表第二次匹配测线航行方向。

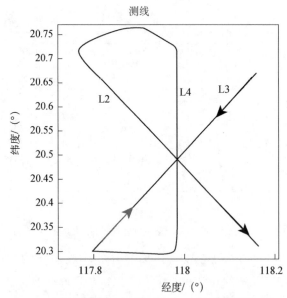

图 5-41　测线区域航行轨迹（文后附彩图）

此次试验完成 L3 测线上的 2 次重复测量，2 次航程方向相反。实际进入匹配状态的测线起点坐标为（117.808°，20.313°），终点坐标为（118.163°，20.668°）。重复测线上重力实时测量曲线如图5-42和图5-43所示。

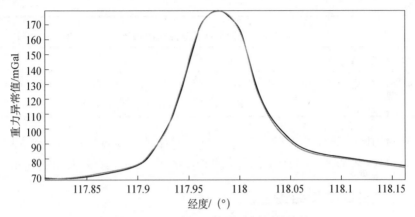

图5-42　ZL1重复 L3 测线实时测量结果

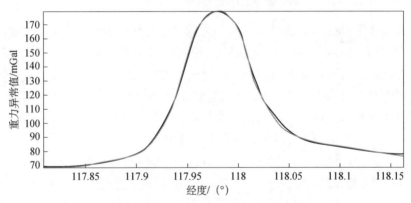

图5-43　ZL2重复 L3 测线实时测量结果

从表5-4中可以看出，重力仪 ZL1 在重复测线上的重力异常测量中误差为 1.69 mGal；重力仪 ZL2 在重复测线上的重力异常测量中误差为 0.56 mGal。以L4为检测线与其他三条测线形成3个交叉点。经过计算，交叉点的坐标在（117.98°，20.49°）附近，重力测量的交叉点精度检核结果见表5-5。ZL1 的交叉点精度分别为1.17 mGal、0.58 mGal、0.48 mGal；ZL2 的交叉点精度分别为 0.24 mGal、0.24 mGal、0.28 mGal。交叉点的最大值为 1.17 mGal，优于 3 mGal。

表 5-4　内符合精度统计　　　　　　　　　（单位：mGal）

| 仪器 | 中误差 | 最大值 |
|---|---|---|
| ZL1 | 1.69 | 2.62 |
| ZL2 | 0.56 | 1.60 |

表 5-5　重力测量交叉点精度检核　　　　　　（单位：mGal）

| 交叉测线 | 仪器 | L3（1） | L2 | L3（2） | 最大值 |
|---|---|---|---|---|---|
| L4 | ZL1 | 1.17 | 0.58 | 0.48 | 1.17 |
|  | ZL2 | 0.24 | 0.24 | 0.28 | 0.28 |

在重力匹配导航实验中，采用了基于综合特征参数的粒子滤波矢量匹配算法。试验区 1′×1′海洋重力异常图精度为4.86 mGal，重力匹配精度优于1 n mile。

## 五、主要试验结论

### （一）海底大地测量基准方舱

探索大于3000 m水深环境条件下方舱设计及其设备配置方案，突破海底方舱的抗压、防腐、布放和回收等技术瓶颈，成功研制适用于高精度海底空间基准观测的深海海底方舱样机，并通过深海海上试验和功能验证。通过深海海底方舱布放回收试验得到如下几点认识。

（1）深海基准两种（单信标和双信标）方舱结构设计可行，搭载信标稳定可靠，信标各项工作技术指标满足设计要求。

（2）两种方舱在上浮过程中，其上浮部均呈现翻转状态，不仅确保信标在上浮过程中能接收到定位信号，而且在海面漂浮过程中也能获得定位信号。

（3）充分验证了双组信标互为备份构想，同时提供了互为备份安全抛载双保险方式，为未来深海方舱实际应用提供了可选方案。

（4）获取了双信标上浮过程中速率变化和单信标下沉与上浮过程的速率变化数据，为未来深海方舱设计提供了可靠的理论依据。

（5）方舱的顶部和底部平板封装结构对其上浮、下沉速度影响较大，可以采用在平板上增加过流口的面积或者直接采用框架式结构设计，为后续基准方舱设计提供了宝贵的试验数据和实践经验。

### （二）海底大地控制网建设

（1）围绕站点选址、方舱研制、点位标校等关键技术，论证了深海海底大地控制点位置勘选及布放相关技术指标体系，形成了深海海底参考点建设和维护的完整技术方案。

（2）水下基线测量通信速率为2.5 kbit/s，最大通信距离达到6 km，可通率>90%，误码率<$10^{-6}$。

（3）通过水下声学精密定位关键技术探讨与试验，我们认为，GNSS-A海面、海底一体化位置测定方法可行，弹性化模型具有实用性，3000 m水深海底基准站定位精度优于0.25 m，所得定位结果可靠。此次技术试验为海底大地测量基准工程建设与水下定位、导航、定时性能测试提供了一手资料，并积累了经验。

### （三）水下导航定位精度验证

（1）海底大地控制网的声呐导航最大作用距离超过11 km，导航精度优于10 m；浅海由于受海洋环境影响，作业距离有一定限制，但短距离组合导航精度可优于5 m。

（2）基于重力场空间关系的水下重力匹配导航适配区选取方法可行，且基于综合特征参数的粒子滤波矢量匹配算法具有高效性、高可靠性。

（3）在深海试验中，深海试验实时重力测量处理精度优于3 mGal，重力测量测线交叉点精度1.17 mGal。试验区1′×1′海洋重力异常图精度4.86 mGal，精度优于5 mGal，最终重力匹配精度优于1 n mile。

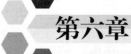

# 第六章
# 海洋导航技术体系及其
# 关键技术

建立海洋 PNT 服务体系的难点和瓶颈技术是水下 PNT 服务,因此需要从顶层谋划海洋 PNT 体系建设。第一,在建立国家综合 PNT 体系顶层设计中,应该优先建设海洋 PNT 体系;第二,海底 PNT 基础设施(作为"水下北斗系统")可以纳入国家基准体系建设,一方面作为国家大地基准框架在海洋的延伸,另一方面作为海洋水下 PNT 服务信息源;第三,海底 PNT 信标网络可以与其他海洋水下观测网络统筹建设,一站多用,海底声呐信标在作为海底 PNT 广播节点的同时,也可以集成其他海洋观测传感器,作为海洋水下其他元素探测装置。

## 第一节 海面及水下导航技术框架

PNT 是一直在浩瀚的海洋上安全航行的重要基础保障,随着人类深海探测、水下航行等海洋探索和海洋开发活动的增多,水下探测装备的定位、导航与时间同步也成为经济活动、科学探测、军事活动的重大需求。

海洋 PNT 包括海面载体的 PNT 服务、水下载体的 PNT 服务和海床监测的 PNT 服务。海面载体最实用、最经济、最精确的 PNT 服务当数天基 GNSS,尤其是中国的北斗系统,不仅具有 PNT 服务能力,而且具备短报文通信和国际搜救报警功能,特别适合于海面载体的 PNT 和通信及海上搜救服务(Yang et al.，2020b）；天文观测可以用于海面载体的 PNT，但是天文观测定位不仅受天气环境的影响，而且白天的天文观测很困难，定位定时精度相对较低；惯性导航不受外界天气影响，具备自主导航定位能力，但是累积误差往往很大，不适用于长航时的导航定位；对海面载体来说，声学导航、重力匹配导航、磁力匹配导航、海底地形匹配导航既不经济，也不够精确，目前仅是 GNSS 导航和惯性导航的补充或可替换方案。

在广大的海洋构建全域覆盖且精度一致的水下 PNT 服务存在一定的技术难度。针对水下导航定位技术特点，"海面移动星座+水下潜标+海底固定阵列"相结合的组网观测方案，有望成为水下高精度 PNT 的重要手段，至少可作为水下惯性定位导航的高精度标校手段。水下潜器的导航可以采用主动声呐定位，也可以采用被动声呐定位技术体系。主动声呐定位是指水下动态载体发送声学信号到多个海底已知坐标的固定基准站（或导航信标站），然后接收这些基准站复制转发折返信号，完成与固定基站的双程距离测量，进行自身的位置测定；被动声呐定位是指水下动态载体只接收海底固定基站或海面浮标（相当于移动基站）声呐发射的信号，即可测定水下动态载体相对于这些基站的伪距或距离差信息，海底固定基站和海面浮标的位置已知，可以计算出水下动态载体的位置。

此外，对于精度要求不高的水下载体，惯性导航、重力匹配导航、地磁匹配导航和海底地形匹配导航也可以满足基本要求。但是匹配导航首先要求完成高精度、高分辨率的海洋重力场、海洋磁力场和海底地形测量，生成高精度、高分辨率的重力场格网、磁力场格网和地形格网，并在水下需要定位导航的载体配以高敏感度的重力传感器、磁力传感器和地形感知传感器。

水下综合 PNT 服务更应该成为未来水下载体 PNT 服务的主流，其中，"海底基准站组"类似于将"北斗卫星星座"置于海底，可简称为"水下北斗"PNT 系统，如图6-1所示。

水下综合 PNT 服务涉及大量高技术声学定位装备，重力、磁力观测装备，海洋环境监测装备等，不仅投入大，而且工程化技术研制难度、水下长寿命工作难度和小型化、集成化、低功耗研制难度都很大。为了配合水下 PNT 基础设施建设，自主可控的水下机器人、滑翔机等核心技术研发与工程化应用也亟须攻关。

当然，第五章中所描述和讨论的海底基准建设的若干关键技术也是水下定位导航和定时的关键技术。

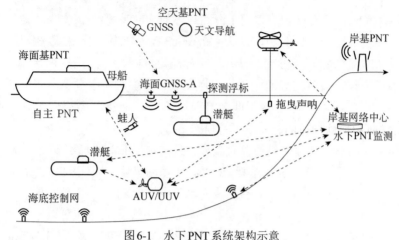

图6-1 水下PNT系统架构示意

注：UUV（unmanned underwater vehicle）指无人水下航行器

资料来源：许江宁（2017）

基于国内外水声导航技术发展水平与趋势分析，我们梳理了我国海洋水下声学导航的关键技术，如图6-2所示。

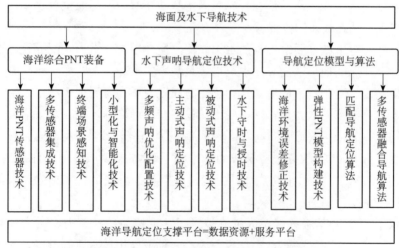

图6-2 海洋导航技术发展方向及关键技术框架

（1）高精度定位导航模型与算法研究，包括声传播模型的精化、海洋观测系统误差参数的实时补偿、动态定位模型的误差修正等。

（2）适应水下不同精度等级、不同作用范围的声学导航低、中、高多频带信号体制研究。

（3）适应广域水下水声导航基础设施建设问题，包括海底基准站网（海底导航信标）布设问题。

（4）低成本、高集成、小型化、低功耗、长寿命水声导航设备、重力、磁力、海底地形感知传感器的研制。

（5）海洋导航定位支撑平台建设，包括构建地形地貌、磁力背景场、海底地形、重力异常模型以及海洋水文环境模型。

# 第二节　水下声呐导航定位技术

声波是迄今人类发现的最有效的水下信息载体，水声导航定位技术是目前水下目标定位与跟踪的主要手段，通过测量声波传播的时间、相位、频率等信息实现导航与定位。声波也是水下导航用户进行信息通信最重要的手段，因此也成为水下互联网和物联网建设的重要通信途径，未来在该领域也具有鲜明的声学通导遥一体化发展趋势。

## 一、水下声呐导航定位技术装备

根据定位系统基线长度与工作模式的差别，一般将其划分为长基线定位系统、短基线定位系统、超短基线定位系统及综合定位系统（孙大军等，2019）。第一，长基线定位系统由事先在海面或海底布设的基准信标阵列，通过距离交汇解算目标位置。第二，超短基线定位系统由固定或移动多元声基阵与声信标组成，通过测量目标相对于超短基线阵列的距离和方位实现导航定位，其优点是尺寸小、使用方便，但精度相对较低。第三，超短基线定位系统由装载在载体上的多个接收换能器和声信标组成，通过距离交汇获得目标位置。第四，综合定位系统融合了超短基线及长基线定位，兼顾了超短基线作业的简便性和长基线的定位精度，如图6-3所示。

结合我国水声导航定位装备发展现状和国内外形势，我们认为我国水下定位导航的主要发展方向如下所示。

（1）充分利用近岸浅海海床基声呐阵列优势，发展先近海后远海的海底导航信标网络，满足我国近期和未来水下声学PNT需求。

（2）从国家层面发展高精尖长基线导航定位系统装备和多频声呐测量技术，解决核心关键技术和装备的完全自主可控。

（3）通过政策引导，以市场为主，发展各类短基线、超短基线等消费级实用声呐导航定位技术装备，降低声呐导航定位装备的价格，实现小型化和标准化。

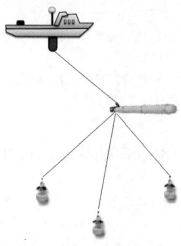

图6-3  组合系统

（4）破解水下时间同步难题和水下时间基准维持关键技术，大力发展被动式声呐导航定位技术。

## 二、主动式声呐定位技术

目前，由于海底基准站高精度时间基准维持的难度和技术难度极大，可沿用目前的主动式声呐定位技术，即水下用户通过发射信号给海底基准站，然后接收海底基准站的回波信号，从而通过时间差确定水下用户的位置。

假设测量系统随载体不断运动，其信号发射的时空坐标为$(x_1, y_1, z_1, t_1)$，信号到达目标点的时空坐标为$(x, y, z, t)$，信号接收的时空坐标为$(x_2, y_2, z_2, t_2)$，设信号传播速度为$v_0$，则主动式定位观测方程为

$$L_{2,1} = F_{2,1} + \Delta_{2,1} + \varepsilon_{2,1} \tag{6-1}$$

式中，$F_{2,1} = F(x_1, y_1, z_1; x_2, y_2; x, y, z) = f_1(x, y, z) + f_2(x, y, z)$为非线性双程测距函数，$f_i = \sqrt{(x_i - x)^2 + (y_i - y)^2 + (z_i - z)^2}$（$i=1, 2$）为其单程距离函数；$L_{2,1} = v_0(t_2 - t_1)$为$F_{2,1}$的量测值；$\varepsilon_{2,1}$为观测随机误差；$\Delta_{2,1}$为观测系统误差，主要包括信号延迟误差以及各类观测系统误差。

图6-4为二维空间中的椭圆交会定位几何。因为待定点$(x, y)$到点$(x_1, y_1)$和$(x_2, y_2)$的距离和为定值$L_{2,1}$，所以点$(x, y)$位于一椭圆上；同理，$(x, y)$也位于以坐标$(x_2, y_2)$和$(x_3, y_3)$为焦点的椭圆上（到两个焦点的距离和为$L_{3,2}$）。上述两个椭圆的交点，即待定点的位置。对于三维的情形，可得类似的椭圆交会定位几何。

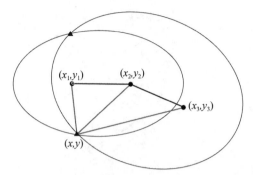

图6-4 主动式声呐的椭圆交会定位

在声呐导航中，载体不断运动并发射声呐信号，并通过测量声呐回波确定载体的空间位置，因此，上述主动式定位模型总是不适定的。为此，常采用简化模型，即当焦点间距离（信号收发期间载体的位移）$d_{i+1,i} = \sqrt{(x_{i+1}-x_i)^2 + (y_{i+1}-y_i)^2 + (z_{i+1}-z_i)^2}$ 趋近为零时，椭圆交会原理退化为传统空间交会定位原理，且定位模型可化为

$$v_0(t_2 - t_1)/2 = \sqrt{(x_1-x)^2 + (y_1-y)^2 + (z_1-z)^2} + \varepsilon_1 \qquad (6\text{-}2)$$

显然，上述模型近似是有条件的。因此，研究更为精确的主动式声呐导航定位模型是高精度主动式导航定位需要解决的关键技术之一。

### 三、被动式声呐定位技术

被动式声呐定位技术主要解决大用户容量导航定位与隐蔽导航问题，其最广泛的应用是潜艇的被动测距声呐，它通过对目标被动地测向和测距来实现定位，基本工作原理采用双曲线定位原理。例如，反潜声呐浮标阵是利用测量目标辐射噪声到阵中每两个浮标的时延差对其进行双曲定位（李薇，2004），如图6-5所示。

理想的水下定位是类似于GNSS定位的被动定位模式。基于固定基站或移动基站的被动定位可以采用时间差分定位方式。基于时间差分的定位原理一般应用于具有高精度时间同步的一组信标阵列装置，例如，一组由GNSS高精度时间同步后的声呐浮标（Xin et al., 2018）。因此，时间差分定位技术多应用于非合作目标的被动定位，如用于飞机失联后飞行事故记录器（俗称"黑匣子"）的搜索与搜救。然而，若海底基准站具有高精度时钟，并且定时进行时间同步，则可构建完全类似于GNSS的高效被动式定位系统，其基本定位原理如图6-6所示（冯遵德等，2004）。

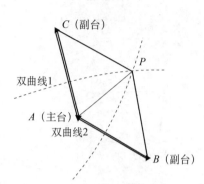

图6-5　双曲线定位技术

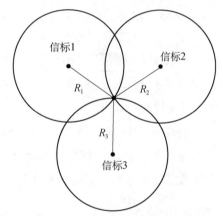

图6-6　空间交会定位技术

被动式声呐具有更好的隐蔽性，可避免目标与基站进行频繁的通信操作，从而具有广阔的应用前景，但该技术的发展需要突破水下原子钟的守时和海底大地控制网络时间同步技术。目前可行的技术途径主要包括：①与海底控制点维护同步开展水下时钟的外部标校工作；②海底控制点间通过定期通信，解决水下时钟的时间同步问题。

## 四、海洋声速场构建与海洋环境误差修正技术

复杂多变的海洋环境是制约水下导航定位精度与可靠性的关键问题，尤其是水下声学导航定位更要精细考虑海洋环境误差影响（赵建虎和梁文彪，2019；Wang et al.，2020b）。不同传感器在不同海洋环境影响下的导航定位效能不尽相同，因此，首先要解决水下海洋环境误差影响建模或构建误差补偿模型和算法，弹性化观测模型是海洋多传感器导航定位的重要发展方向，构建弹性观测模型的核心目标，是解决各类导航定位模型的海洋环境影响自

适应或误差自补偿问题（Wang et al.，2020c；Yang and Qin，2021）。针对该问题，存在以下几方面的研究方向。

（1）充分利用海洋温度、盐度和深度等海洋环境观测与多源海洋大地测量观测资料，构建水下声呐导航定位误差修正信息，并形成数值格网产品或参数化模型嵌入水下终端中。

（2）构建高度角和深度相关的声学导航定位误差参数化及误差自回归分析方法，构建高精度声学导航定位弹性函数模型，实现用户 PNT 空间相关误差的自补偿。

（3）针对快速时变环境误差补偿问题，研究补偿吸收残余系统误差的参数化模型，提高导航定位模型的环境自适应能力，实现用户 PNT 时间相关误差的自补偿。

（4）研究声呐延迟修正的海底控制网网解技术，即提高海底大地控制网的解算精度，也有助于为水下导航用户提供高精度误差修正信息。最重要的是，这些信息若能通过水下互联网播发给周边水下 PNT 用户，即可形成水下增强 PNT 服务。

研究海洋温度、盐度和深度等海洋环境参数对声呐时延观测的影响，需要从海洋声速剖面经验函数出发，分别研究温度、盐度和深度三个影响因素的影响机理和量级，探索稳态声速场和时变声速场相结合的误差参数化估计方法。此外，还需要研究海洋潮汐、洋流等水下载体运动力学模型的影响。

# 第三节　惯性导航定位技术

惯性导航系统是利用惯性敏感器件、基准方向及最初的位置信息来确定运载体在惯性空间中的位置、方向和速度的自主式导航系统。惯性导航包括惯性测量单元（inertial measurement unit，IMU）和计算单元两大部分，其中IMU 感知物体方向、姿态等变化信息。惯性导航系统可分为平台式惯性导航系统和捷联式惯性导航系统两大类。捷联式惯性导航系统结构简单、体积小、维护方便；捷联式惯性导航系统的精度较平台式惯性导航系统低，但可靠性好、更易实现、成本低，是目前民用惯性导航的主流技术。惯性导航具有高自主性和高隐蔽性，其主要技术特点如下（杨元喜，2006a）。

第一，完全依靠运动载体自主地完成导航任务，不依赖于任何外部输入信息，也不需对外通信的自主式系统，所以具备极高的抗干扰性和隐蔽性。

第二，可全天候、全天时、全地理地工作。惯性导航系统不需要特定的时间或者地理因素，随时随地都可以运行。

第三，提供的参数多，如 GPS 卫星导航只能给出位置、方向、速度信息，但是惯性导航同时还能提供姿态和航向信息。

第四，导航信息更新速率高，短期精度和稳定性好。

第五，导航信息经过积分运算产生，定位误差会随时间推移而增大，长期积累会导致精度差，需要初始对准，且对准复杂、对准时间较长。

高精度、高可靠性、低成本、小型化是惯性导航传感器的主要发展方向。利用原子磁共振特性构造的微小型核磁共振陀螺惯性测量装置具有高精度、小体积、纯固态、对加速度不敏感等优势，成为新一代陀螺仪的研究热点方向之一。可参考国外惯性器件、惯性系统技术发展经验和未来发展趋势，在我国低精度、中精度、高精度三个层次研发惯性导航装备（陆伟亮，2012；周斌权等，2014；李鼎等，2020）。我国惯性导航技术发展路线如图6-7所示。

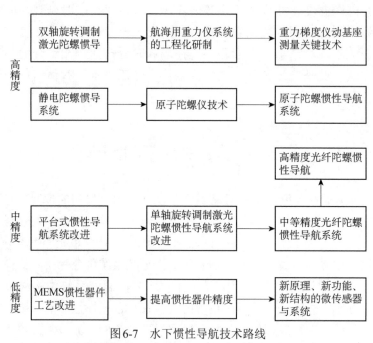

图6-7　水下惯性导航技术路线

MEMS 指微机电系统（micro-electro-mechanical system）

# 第四节　INS/重力匹配导航技术

## 一、重力匹配导航关键技术

重力匹配导航技术是水下潜器长航时隐蔽导航的重要技术手段之一。如图6-8所示，重力匹配导航关键技术包括适配区优化选取、重力实时测量、重力背景图构建和匹配导航算法等（吴太旗等，2007；王虎彪等，2011；刘美琪，2015）。

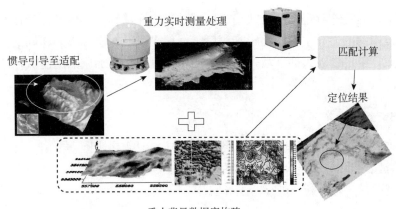

图6-8　低成本重力匹配导航系统

针对我国重力匹配导航技术发展瓶颈技术问题，需要研制低成本重力匹配导航装备，研究重力测量信息实时处理方法，实现重力测量信息和重力图信息的最优重力匹配定位，研制基于多源重力测量信息高分辨率海洋重力图，研究重力场特征描述与分析方法，发展基于载体运动特性的矢量化重力匹配方法。

## 二、重力场适配区选取方法

### （一）重力匹配特征信息构造

重力场数据一般以网格形式存储，重力特征统计参数可有效描述重力导航区域数据特征，对重力导航匹配率与定位精度影响重大（李姗姗，2010；王博等，2017）。现有的重力特征参数计算方法都为衡量局部区域整体特征的方法，无法对区域在各个方向的适配性进行具体分析，从而导致基于此的适配区选取方法忽略了区域的方向适配性。

## 1. 重力异常标准差

重力异常标准差反映重力异常格网数据的离散程度和局部区域总的起伏程度。标准差越大，区域内的重力异常变化越大；标准差越小，表明区域较平坦，起伏不大。重力导航匹配区应优先选择那些重力异常变化起伏较大的区域。

## 2. 重力异常绝对粗糙度

重力异常绝对粗糙度反映局部区域的平均光滑程度，用于衡量在较小的空间范围内重力异常特征的丰富程度。一般来讲，对于标准差相同的两块备选区域，粗糙度较大的区域，即重力异常数据变化更加剧烈的区域，更适合匹配。

## 3. 重力场异常坡度

重力场异常坡度反映局部区域的重力异常值变化快慢，在同一方向距离相同时，两点间的差值越大，重力异常坡度越大，即重力异常在两点间变化程度越明显，越有利于进行匹配导航。

## 4. 重力异常熵

重力异常熵反映局部区域所含重力信息量的大小，并由此来反映重力场起伏的复杂程度特征。重力熵越小，重力异常值变化越剧烈，包含的信息也就越丰富，越有利于进行匹配导航；反之，越不利于进行匹配导航。

## （二）适配区选取准则

重力场是一种结构复杂且随时间变化的物理场，仅仅用单一的特征参数来表达重力场的变化是远远不够的（袁书明等，2004；王博等，2018，2019a）。不同的重力特征参数对重力场的描述程度又有所不同，为了保证评价过程的全面、规范、科学，一般选取重力异常标准差、重力异常绝对粗糙度、重力场异常坡度以及重力异常熵作为适配区选取的评价指标。这四种参数分别从不同角度表征了备选匹配区域内重力异常的分布特征情况，因此，如何综合利用多种重力特征向量进行适配区选取是重力匹配的重要研究方向

（Lin et al.，2017）。

为综合评价区域的适配性，可以采用基于熵值法的适配区重力场信息构建方法。将重力异常标准差、重力异常经度粗糙度、重力异常纬度粗糙度和重力异常差相结合，根据各重力场特征参数对适配区的重要程度，即数据的相对变化程度对重力场整体的影响来分配其权重。相对变化程度大的指标具有较大的权重，经加权求和后得到对适配区重力场信息全面描述的综合重力场特征参数（Han et al.，2017a，2017b）。上述方法对区域重力信息的挖掘和利用更完整，选取的适配区面积更大、更集中，连续性也更好，且可携带每个导航点方向适配信息。

## 三、高精度重力匹配图构建技术

### （一）重力场延拓方法

多源重力观测只有延拓到统一参考面才可用于重力匹配导航，因此重力场向下延拓方法是重力匹配背景图构建的核心技术（吴太旗等，2007；李姗姗等，2008）。传统的向下延拓方法主要有梯度法、最小二乘配置法（least squares collocation，LSC）、点质量方法等，但目前实际应用中大多仍沿用球外泊松（Poisson）积分方法解决这一问题，称为逆 Poisson 法，包括迭代求解法和非迭代求解法。Jekeli（1987）在对航空重力测量数据向下延拓理论和方法进行全面分析和研究后，提出了无密度假设的向下延拓方法。Keller 和 Hirsch（1992）认为调和向下延拓是不稳定的，因而提出利用地面重力场先验信息作为控制约束，使向下延拓过程趋于稳定。

地面重力场先验信息可直接选用重力场位模型，该方法的实质是空中和地面两类数据的联合平差。还有学者提出将 Poisson 积分改化为空域卷积形式，采用球面快速傅里叶变换（fast Fourier transform，FFT）方法进行向下延拓计算。近年来，随着航空重力测量技术在我国的推广和应用，我国学者陆续发表了一些关于向下延拓的创新性研究成果，主要有直接代表法、球内狄利克雷法、正则化方法。但由于重力场向下延拓过程属于不适定反问题，模型解的不稳定性是该问题本身固有的一种属性，即很小的观测噪声（这在现实中是不可避免的）也会引起模型解严重偏离真解，因此，无论是早期的迭代求解法、最小二乘配置法还是近期的各类正则化方法（黄谟涛等，2013a），都无法确保向下延拓解算结果是绝对稳定有效的。

尽管在过去很长一个时期内，国内外学者为航空重力测量向下延拓问题提出了许多不同类型的解决方案，但是直接向下延拓不可避免存在不适定问题（吴太旗等，2007）。要想达到可靠的精度，不仅要付出许多细致而又烦琐的数据预处理方面的努力，还要谨慎地处理计算模型参数选择方面的难题。例如，观测高度归一化、观测数据网格化、边缘效应处理、正则化矩阵和正则化参数选择问题等。为此，从实用化角度出发，可利用超高阶位模型（EGM 2008）直接计算延拓修正数，从而实现航空重力测量向下延拓归算。其解算过程巧妙避开了传统求解逆Poisson积分方法固有的不稳定性问题，解算结果精度不再依赖于航空重力观测数据的噪声水平，有效简化了向下延拓的计算过程和解算难度。

### （二）多源重力数据融合方法

多源重力数据融合是提高重力匹配背景图精度和分辨率的关键（郭有光等，2003）。随着现代科学技术的飞速发展，地球重力场信息获取手段得到了全面拓展，目前已经形成了陆、海、空、天等全方位的地球重力场观测体系，重力测量数据种类日益丰富，测量精度不断提高。目前获取海域重力场信息的主要技术手段包括卫星重力探测、卫星测高、海洋航空和船载重力测量（柯宝贵等，2017，2018）。但随之而来的是我们必须面对这样一个问题，即如何有效地处理由各种不同测量手段获取的重力场观测数据。这些数据具有不同的频谱属性、分辨率、空间分布和误差特性。为了充分发挥各类数据资源的自身优势，精确刻画地球重力场的变化规律，必须通过数据处理手段，对存在基准差异、各类系统误差、随机误差甚至异常误差的多源重力数据进行有效的融合处理，在融合过程中消除不同种类数据差异带来的矛盾，从而达到提高最终数据成果可靠性和精确度的目的。

关于多源重力数据融合问题，国内外学者已经进行了广泛而深入的研究，提出了许多富有成效的处理方法，主要有统计法和解析法两大类型（黄谟涛等，2013b）。最小二乘拟合推估（即最小二乘配置法）是统计法的典型代表，由于该方法可以联合处理不同类型的重力数据，因此在多源重力数据融合处理中得到了广泛应用。协方差函数的构建是最小二乘配置法应用的核心问题，尽管可以通过自适应调整模型参数的方式来改善协方差函数的特性，但由于经验协方差函数的建立必须以足够分辨率的观测数据为基础，在实际应用中要想获得较高逼近度的协方差函数模型，特别是三维空间协方差函数模型并非易事，基于最小二乘配置法的融合处理效果也因此受到很大的制约。

## 四、高精度实时重力测量技术

### （一）高精度实时重力测量数据滤波技术

重力测量包含大量的背景噪声（孙中苗等，2004），而在全球范围内，重力异常的变化是十分缓慢的，并且幅值很小，但噪声的幅度可能比重力信号高出百倍甚至几千倍。重力实时观测值以及用于实时修正的外部辅助信息均包含大量噪声，且噪声的幅值远大于重力本身（刘凤鸣，2008），因此需要通过低通滤波手段进行相应的滤波处理。常用的滤波方法为数字低通滤波、小波滤波和卡尔曼（Kalman）滤波。数字滤波方法通用性强，稳健性好，因此，水下重力测量的数据处理中可选用数字低通滤波的方式。低通滤波器包含 5 个设计参数，即滤波器的长度 $N$、通带和阻带的归一化截止频率 $\omega_p$、$\omega_s$，通带和阻带的衰减容限 $\delta_p$、$\delta_s$。在理想的低通滤波器的幅频响应中通带内的幅度响应为1，阻带内的幅度为0，过渡带应该是绝对陡峭的，即带宽为0。这样原始信号中低于截止频率 $\omega_c$ 的信号部分将被完全保留，高于 $\omega_c$ 的部分将被完全滤除。但是，理想滤波器在物理上是无法实现的，真实的滤波器在通带和阻带之间总会存在一个过渡带，并且通带幅度响应存在误差 $\delta_p$，阻带内幅度响应误差为 $\delta_s$，如图6-9所示。

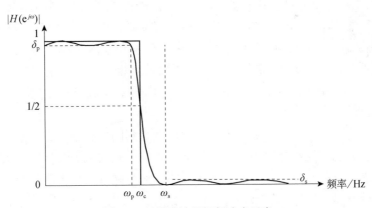

图 6-9　低通滤波器幅频响应示意

### （二）高精度实时重力测量技术

高精度实时重力测量技术研究主要是提高非重力运动干扰项的补偿精度（黄谟涛等，2002；奚碚华等，2011）。为此，需要寻找适合水下传感器实现如载体速度、深度等参量精确测量，并针对水下载体运动特点，特别是定深控制、匀速控制的运动特性，设计高效补偿算法，提高重力测量信号补偿精度，从而提高重力动态测量精度。

进行重力测量时，运载体本身的运动所产生的垂向加速度以及由平台水平误差引起的加速度的垂向分量同时影响重力测量，并与真实重力信号耦合。这时，重力观测数据包含了敏感器本身的误差、外界扰动误差和平台姿态引起的误差。因此，从重力仪输出到获得重力异常需要进行一系列的修正和补偿。

垂向加速度修正是水下重力实时测量补偿的核心环节，水下运动载体处于定深巡航状态时，载体难免会受到海流、海水密度变化等因素引起的垂向加速度干扰，并且载体的下沉或上浮过程引起的垂向加速度变化存在缓慢变化的成分，因此不能通过滤波处理加以忽略。在这种情况下，需要通过外部手段对载体的垂向加速度进行分离。目前水下运动载体的垂向加速度靠压力深度传感器提供的载体下潜深度数据通过二次差分获得垂向加速度。

## 五、重力匹配算法研究

重力匹配算法是水下航行器重力辅助导航的核心技术（欧阳明达，2020；欧阳明达和马越原，2020；王博等，2020）。传统的匹配算法将惯性导航输出的数据与实际测量得到的重力异常数据按照相关算法进行匹配解算，从而估计载体的实际位置，以此来校正惯性导航误差。但其可靠性很容易受到环境干扰的影响，导致导航精度降低和误匹配出现。因此，可充分利用惯性导航短时精度高的特性，将惯性导航相邻采样点之间的矢量相关性加入相关分析环节，在粒子滤波过程考虑粒子权重值，有望改进矢量匹配算法。

传统的匹配算法仅仅是将重力异常值考虑到匹配算法中去，然而在适配区中，重力场特征参数比较明显，那么可将每个点的重力场特征参数考虑到对点的描述中去。当矢量匹配算法得到的匹配点的重力场特征参数与由真实测得的重力异常值计算的重力场特征参数的差小于阈值时，将会进行特征参数匹配（Wang et al.，2018）。因此，将适配区中每个点的重力场特征参数和重力异常值结合起来对位置进行描述，可提高匹配的精度（Han et al.，2017a，2017b）。在粒子滤波中，粒子不可能正好落在重力异常图点阵的顶点之上，所以需要用重力异常值连续化方法估算出粒子的重力异常值，最后对INS进行刚性变换得到新的轨迹（Han et al.，2018；王博等，2019b）。

# 第五节　海洋综合PNT装备与多源PNT信息融合技术

## 一、海洋综合PNT装备

海洋综合PNT装备是实施海洋PNT感知的核心。海洋PNT装备应该是多源信息感知的集成装备，可接入声呐、重力仪、惯性导航、DVL、声速剖面仪以及时钟单元等多种传感器，兼容多种传感器数据格式，为组合导航提供良好的软硬件平台。多传感器集成本身就是关键技术，涉及公用组件的共用、不同物理原理感知传感器之间兼容与互操作、多组件集成的小型化、低功耗等。海洋导航定位装备示意如图6-10所示。

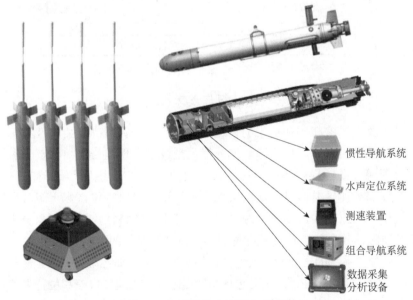

惯性导航系统

水声定位系统

测速装置

组合导航系统

数据采集
分析设备

图6-10　海洋导航定位装备示意图

左侧为海洋基准装备，右侧为用户终端装备

## 二、海洋多源 PNT 信息融合技术

海洋多传感器信息融合技术是海洋PNT多传感器深度集成的必然要求，也是实现海洋多源PNT综合服务的核心技术之一。需要在构建融合水声定位感知、重力实时测量、惯性导航感知等多传感信息深度组合的海洋综合导航定位装备基础上，突破水声、重力、惯性多传感器信息的最优融合技术，攻

克复杂海洋环境要素对各类传感器信息的影响误差补偿，解决多源异质导航信息的函数模型最优化、随机模型最优化、融合准则最优化，最后实现多源PNT信息融合的最优化，因此，伴随的水下高精度多传感器自适应融合导航定位算法也必须作为海洋PNT服务的重点研究内容。技术路线如图6-11所示。

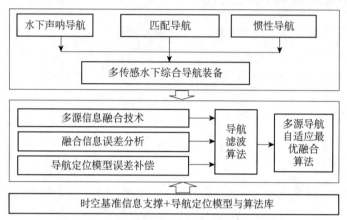

图6-11　海洋多传感融合导航核心技术路线图

## （一）多源PNT误差机理分析与误差标定

要实现多源PNT感知信息的自适应融合，首先要解决各类PNT感知信息的环境误差影响机理，并构建误差补偿模型或建立误差修正算法，只有这样才能合理融合惯性导航系统、深海长基线声学定位、重力匹配导航、GNSS智能浮标等多种导航信息，从而实现水下高精度导航定位。水下组合导航定位系统误差来源较多，不同来源的误差有着不同的特性，需要深入分析误差机理及原因，其中包括对各子系统的误差机理及原因的分析与建模。

惯性导航系统的误差源主要包括初始对准误差、惯性敏感器误差、计算误差等。其中，初始对准误差主要包括初始姿态误差、速度误差和位置误差。

在惯性导航系统与物理场匹配组合定位中，惯性导航可为匹配定位提供初始位置引导以及背景场范围圈定，而匹配定位信息为惯性导航误差漂移提供标定信息。

物理场匹配辅助水下导航定位的误差还与航迹长度和航行区域的重力特征分布密切相关。多物理场匹配导航原理如图6-12所示。航迹长度过短、信息量太少会导致匹配定位误差较大。航行在重力变化较大的区域，匹配定位才能取得较高的精度和成功率；反之，在重力特征相对平缓的区域，匹配定位的误差会明显增加。在多源数据融合时，不同传感器所采用的测量频率、

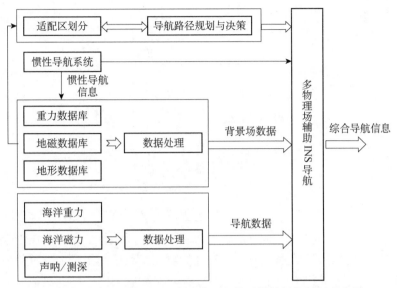

图6-12　重力、地磁、地形等多物理场辅助惯性导航原理示意图

输出频率、采样率、时间标准、坐标系等可能均存在差异，因此在数据融合的过程中还可能会产生信息融合误差。因此，对于高精度、长航时水下导航定位，声学、惯性导航以及其他辅助微PNT组合系统是水下综合PNT的主要研究方向。

## （二）多传感器融合导航定位模型与算法

对于隐蔽导航用户，可采用INS/匹配导航组合或INS/海底声信标组合导航方式。在INS/匹配导航组合中，桑迪亚惯性地形辅助导航（SITAN）算法被认为是一种高效的匹配算法，结合惯性导航系统指示的概略位置信息，SITAN算法采用多模型自适应估计（multiple model adaptive estimation）方法进行匹配辅助导航，其关键技术主要包括地形等匹配场信息的随机线性化技术和卡尔曼滤波技术（代志国，2015）。该算法利用卡尔曼滤波器对输入信息进行递推处理，所以可以输出用户位置连续的修正量，从而不断对机动航行的航行器进行修正，避免其他算法只有匹配信息累积到一定程度才能输出匹配导航定位结果的弊端。任何匹配导航定位技术都很难确保高精度和高可靠性，因此，基于海底被动或主动声呐的INS惯性导航误差修正技术是一种很有前景的技术手段。AUV可以在运行一段时间后，到达基阵作用范围进行校正，校正后可脱离基阵继续运行，系统原理如图6-13所示。

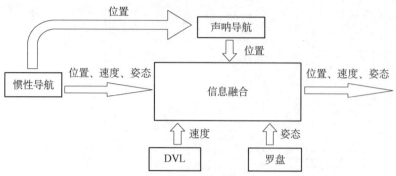

图6-13  声呐、DVL、罗盘辅助惯性导航原理

没有隐蔽性特殊要求的水下导航与定位需求，可采用惯性、声学、声学多普勒等多传感器组合导航技术。重力匹配导航只是将位置信息与惯性导航提供的位置信息进行数据融合，但惯性导航速度和航向信息的误差仍然会随时间积累，会造成很大的定位误差，因此，仅靠重力匹配辅助导航难以满足民用水下导航与定位的要求。采用水声定位系统提供的高精度定位信息可以间歇性地在基阵有效作用范围内进行校正。

主动声学观测可以作为隐蔽组合定位导航的标校手段。首先利用声学定位系统观测目标潜器至水下控制点的距离，再对惯性导航角速度和加速度观测进行坐标转换至声学观测相同的坐标系下并进行积分，得到速度、姿态和位置；利用计程仪观测潜器的速度；以INS为主传感器，其他类型的观测信息作为外部信息，以惯性导航的导航误差和元件误差作为状态参数，构建松组合卡尔曼滤波模型；利用各类传感器的误差特性确定状态参数预报值的权阵和各类观测值的权阵，实现多传感器数据的自适应融合处理。多传感器数据融合处理采用如图6-14所示的技术流程。

## （三）多源PNT信息弹性融合技术

观测函数模型及动态载体的动力学模型是多源PNT传感器信息融合的基础。考虑到任何观测函数模型都是在某种意义上的近似，动态载体的动力学模型常采用简化的常速度模型或常加速度模型，这些都会造成函数模型本身的误差。因此，需要对函数模型进行弹性修正或弹性补偿，主要包含以下两点内容：①在对函数模型误差充分识别的基础上，建立函数模型误差的拟合模型，并实时或准实时地修改原有的函数模型，使其适应相应场景和相应传感器；②函数模型库的建立及其弹性选择，即强调特殊的时期、特殊的场景选择备份好的特殊模型，使模型的适应性最佳化。

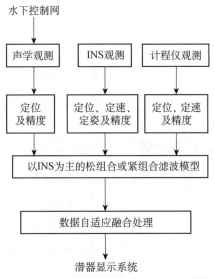

图6-14　多传感器数据融合处理流程图

观测函数模型弹性修正的概念模型如下：

$$L_i(t_k) = A_i \widehat{X}(t_k) + F_i(\varDelta_{t_{k-m}:t_k}) + e_i \qquad (6-3)$$

式中，$L_i(t_k)$ 为 $t_k$ 时刻第 $i$ 个传感器的输出向量；$\widehat{X}(t_k)$ 为 $t_k$ 时刻状态参数向量；$A_i$ 为第 $i$ 个传感器的观测设计矩阵；$F_i(\varDelta_{t_{k-m}:t_k})$ 为观测函数模型修正函数，其中 $\varDelta_{t_{k-m}:t_k}$ 表示模型从 $t_{k-m}$ 时刻到 $t_k$ 时刻的误差序列，很多情况下，$F_i(\varDelta_{t_{k-m}:t_k})$ 可以直接表示成 $L_i(t_k)$ 的修正向量 $\Delta L_i(t_k)$；$e_i$ 为观测随机误差向量。如果采用卡尔曼滤波，则动态载体的动力学模型也可附加弹性修正项：

$$X_k = \boldsymbol{\Phi}_{k,k-1} \widehat{X}_{k-1} + G_k(\varDelta_{X_{t_{k-m}:t_k}}) + W_k \qquad (6-4)$$

式中，$X_k$ 为 $t_k$ 时刻动力学模型预报参数向量；$\boldsymbol{\Phi}_{k,k-1}$ 为载体运动状态转移矩阵；$\widehat{X}_{k-1}$ 为 $t_{k-1}$ 时刻状态参数估计值向量；$G_k(\varDelta_{X_{t_{k-m}:t_k}})$ 为动力学模型误差修正函数，其中 $\varDelta_{X_{t_{k-m}:t_k}}$ 为动力学模型从 $t_{k-m}$ 时刻到 $t_k$ 时刻的误差序列，$G_k(\varDelta_{X_{t_{k-m}:t_k}})$ 也可直接表示成动力学模型误差的修正向量 $\Delta \overline{X}_k(t_k)$，$\Delta \overline{X}_k(t_k)$ 也可以由 $G_k(\varDelta_{X_{t_{k-m}:t_k}})$ 计算出来；$W_k$ 为 $t_k$ 时刻动力学模型随机误差向量。

状态参数估计时，如果观测条件许可，则修正函数 $\Delta L_i(t_k)$ 和 $\Delta \overline{X}_k(t_k)$ 中的未知参数可以采用增广参数向量的方法，与状态向量 $\widehat{X}_k$ 并行估计，实现对观测函数模型和动力学模型误差的补偿；如果观测条件不具备，则采用伴随学习、识别、建模、预报的方式，直接得出观测时刻函数模型修正量，并直接纠正函数模型。

# 第六节　极地海洋大地测量基准与极地海洋导航发展方向

## 一、极地海洋大地测量基准构建策略

我国虽然在极地有长期的大地测量观测积累（鄂栋臣等，2007），但面向水下导航的大地测量基础设施仍然处于空白状态。两极冰层有几米厚，且不断移动，这使得潜航器采用传统导航方法较为困难，因为潜航器需要依赖固定的参考点。在南北两极可考虑借助在海面冰盖和海底同时建立声呐导航定位信标装置，形成声呐立体导航定位系统，该系统类似基于海面 GNSS 浮标和海底大地控制网的综合声呐导航定位系统。然而，受冰盖影响，海底控制点和冰盖声呐信标的布设及其空间坐标确定将成为一个难题，该难题的可能解决措施包括以下几方面。

（1）采用水下机器人开展海底和冰盖声呐信标布设，其中冰盖信标布设可通过冰面打孔，布设 GNSS-A 信标，或者为了考虑隐蔽性需要，借助浮体装置吸附于冰盖表面的策略；若考虑冰盖的移动性，还可考虑安装惯性导航系统和多普勒计程仪。

（2）通过开阔海域海底大地控制网逐级传递到冰盖覆盖区域。

（3）采用配置高精度多 PNT 传感器的水下机器人，通过水下机器人组网，实时确定海底和冰盖信标的空间位置。

必须指出，水下高速自主潜航器技术是海底大地控制网建设和海洋环境信息采集的重要技术。

## 二、极地海洋导航发展方向

针对极地卫星导航定位服务性能受限问题（杨元喜和徐君毅，2016；景一帆等，2017），需要研究基于高倾角 GNSS 卫星星座改善高纬度地区可观测卫星定位几何构型，以及未来中高低轨星座联合卫星导航定位技术，以提高高纬度地区定位的精度和可靠性（Yang et al.，2020b）。此外，还需要充分考虑极区高纬度、复杂电磁环境，研究多模、多频、多系统组合的极区地面导航定位技术。

　　除了在极地采用水下多传感器融合导航技术外，还可以考虑利用水下可移动潜标节点，以弥补南北两极海底基准信标覆盖的不足。但由于极地地区特殊的地理位置和自然环境，传统意义上的惯性导航系统不再适用于极区导航，因此，还有待研究更为可靠的极区惯性导航技术以改善其性能。当然，考虑惯性导航机理的局限性，降低两极对惯性导航的依赖是提高两极导航定位可靠性的重要策略。

# 第七章
# 我国海洋大地基准体系
# 发展方向

在总结我国"十三五"海洋大地测量基准体系建设成果的基础上,本章梳理了我国海洋大地测量基准体系发展的远景目标,并重点结合国家综合PNT体系建设的海洋大地测量基准需求,给出了我国"十四五"时期海洋大地基准体系的重点发展方向。

## 第一节 "十三五"海洋大地基准建设成果概述

"十三五"期间,我国取得一批海洋大地测量基准理论研究成果,并在国家海洋大地基准建设方面取得了显著进步,积累了一定的工程建设经验。在海底大地控制网设计、建立与维护一系列关键技术方面取得了较大进展,构建了水上水下陆海无缝大地测量基准技术体系。在国内外权威期刊发表了一批高水平论文,产生了广泛的学术影响,扩大了我国在大地测量与导航领域的国际影响力。

在海底基准方舱装备研制和海底大地控制网建设方面,突破了海底基准站制造、点位设计、布放、标校和维护等关键技术,自主研发了稳固、抗压、防腐、防拖的双信标基准方舱,解决了海底基准方舱放得稳、待得久、测得准的核心关键技术;成功研制了深海导航定位基准站核心装备,海底空间基准信标适应6000 m水深工作环境,实现了我国海底空间基准核心装备与技术"从无到有"的重大突破；探索了海底基准站"唤醒式"米级精度导航定位服务模式，既解决了海底基准站的能源供给问题，又确保了水下潜器隐蔽导航定位的安全性；初步探讨了水下弹性定位模型，并利用海底大地测量基准试验网进行了弹性观测模型计算与分析，实现了深海海底基准站分米级精度静态定位和米级精度导航定位服务。

在重力匹配导航方面，研发了水下重力匹配传感器和重力匹配导航系统，国产重力仪产品历经船载重力测量和多型机载航空测量的应用试验，并经过三年、航程逾6万n mile航海试验，精度和敏感度符合指标要求，为水下运动载体长航时隐蔽导航的重力匹配标校提供了自主可控技术，开展了引力梯度效应实验和机载动态试验，此外，重力匹配区选择与引导、重力匹配导航算法研究也取得了重要进展。研究结果表明，在重力异常特征相对明显海域，基于高分辨率重力格网可获取理想的重力匹配导航结果（图7-1）。

图7-1　海洋PNT技术研发与PNT装备集成

尽管"十三五"期间我国在海洋大地测量理论与技术领域取得了许多重要成果,解决了我国海底基准建设技术的急需,但相比于美国、日本等发达国家,我国该领域的研究起步晚、技术积累薄弱,海洋大地测量基准理论研究还不够系统、全面,海洋大地测量基准构建仍然存在一系列关键技术问题有待解决。因此,"十四五"期间需要瞄准国家综合PNT体系建设重大需求,针对我国海洋大地测量基准技术领域的薄弱环节,持续加强海洋大地测量基础理论研究,强化海洋大地测量技术攻关,强化海洋大地测量基础设施建设,强化海洋大地基准体系建设。

# 第二节  海洋大地测量基准建设主要发展方向

## 一、构建近海大地测量海底大地控制网络

从国家大地测量基准的完整性来说,首先必须构建陆、海、空、天统一的国家大地基准体系。未来,特别是"十四五"期间,需要优先考虑我国近海海床大地基准网络建设,采用空、天、地、海面、水下、海底立体观测,实现陆海大地基准精密传递,进而实现陆海大地基准的统一。

构建陆、海、空、天一体化近海海洋大地基准定位体系,首先以北斗系统为核心,融合GNSS以及多源大地测量观测,构建综合时空基准体系。在此基础上,构建由北斗/GNSS、近海岸基及岛基基准观测网、海面控制网以及海底大地控制网构成的立体时空基准体系,海面大地基准传递网络的参考基准与国家北斗大地坐标基准保持一致,水下、海底基准站的坐标体系与海面传递点的坐标体系一致。

充分考虑包括沿岸陆地、海岛支撑的陆基大地基准基础设施、海面浮标辅助的海面基准基础设施、海底大地控制网为支撑的海底基准基础设施,解决水下多层次、多目标大地基准系统优化设计,构建中国海洋综合大地基准技术体系。陆、海、空、天一体化的海洋时空基准观测网络架构如图7-2所示。

## 二、陆海垂直基准归一化建设

从海平面变化等地球科学研究角度来看,陆海垂直基准统一及动态垂直基准建设与维持也应该作为未来海洋大地测量基础建设和研究的重点方向之一。

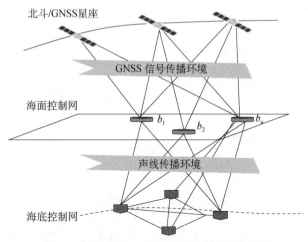

图7-2　陆海空天一体化的海洋空间基准体系

在海洋综合观测方面，首先，应该充分利用卫星测高、卫星重力等航天观测资料，测定全球大尺度海平面变化、海面地形、海洋重力场等信息；其次，开展岛礁验潮站建设与观测、海洋航空重力观测、船载重力观测等精细化海洋潮汐与海洋重力观测，为陆海垂直基准统一奠定基础；最后，多种观测技术组合需要局部连接甚至具备并址测量条件，即海底基准站应尽可能实现声呐与重力、海底潮位计（压力计）的联合观测，沿岸及海岛基准站应尽量实现北斗/GNSS、重力、潮汐的联合观测。

## 三、动态海底监测大地基准体系及其数据反演

从海洋地质考察、板块运动监测、地震活动监测等地学研究角度，需要建立海底动态大地监测基准网，并研究不同采样间隔、不同类型观测数据的动态融合理论与技术。海底动态监测网的设计、观测、数据传输、数据融合等，都需要结合海洋科学研究目标和需要开展系统性研究。

受复杂海洋环境影响，用于海洋地质、海洋地球物理、海洋环境监测的海洋大地测量基准站本身的稳定性、观测的精确性、数据融合的可靠性等都是影响海洋地球物理反演的重要环节。因此，需要从以下三个方面开展理论研究和关键技术突破。

（1）发展海底大地测量综合观测技术。目前，水下定位精度主要受限于高程方向精度，而高程方向精度提升又受海洋声速场环境影响。为了分离海洋环境误差影响，可以考虑在海底增加高精度压力传感器观测以及海洋温

度、盐度等海洋环境传感器观测（图7-3）。

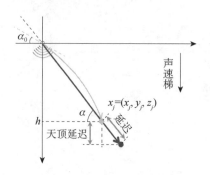

图 7-3　声线弯曲与延迟影响示意

（2）加强海洋时空环境场观测以及多源海洋环境观测信息的融合，特别是需要加大海洋声速场信息的获取。此外，加强多空间位置和多时相海洋环境观测信息的融合，揭示海洋环境的时空变化及其对高精度水下参考框架构建精度的影响。

（3）构建面向海洋地球物理监测与反演的海洋大地测量应用体系。在充分的先验约束下，海洋大地测量基准观测网络具备海洋地质、水文等海洋地球物理监测与反演能力。例如，海底压力计观测时序中蕴藏着海面潮汐变化信息，海底坐标时序中蕴藏着海底板块构造信息，海底高程坐标时序中蕴藏着丰富的海洋环境场信息。为此，首先，需要解决海底基准站精密定位问题；其次，需要建立海洋环境误差响应模型，并作为参数与海底坐标进行联合估计；最后，需要尽量连续观测或定期重复观测，以获得丰富的海底基准站观测信息。

## 四、应急海洋基准网络建设及实时或准实时数据处理理论与技术

从资源勘探、各类海洋平台监测控制、海洋环境监测等角度，建设非永久性的海面和海底大地控制网基础设施，发展实时、高精度数据处理理论与技术，并作为应急海洋大地测量技术研究的重点。

具备 GNSS 接收与处理、声呐接收与发射能力的海面大地浮标控制网网络是未来应急水下定位的首选。水面浮标网络的功耗、工作寿命、动态控制甚至回收技术都需要进行研究。

海底廉价的短期海底声呐观测网络也应该作为研究方向，这些短期海底

声呐观测网络的可观测性、观测数据的传输和处理都需要探讨。

海面浮标大地控制网和水下临时性大地控制网可以进行组合应用，实现海洋钻井平台、其他作业平台以及水下无人潜航器等定位的基准控制。

## 五、陆海空天立体大地测量数据采集体系及其装备核心技术

为了海洋权益维护等，应该建立涵盖海面、水体和海底观测的陆海空天立体大地测量数据采集体系，并研发具有自主知识产权的装备体系，这将是我国海洋大地测量基础设施建设与装备体系的长期任务。

"十三五"期间，我国在3000 m海底大地测量基准方舱和6000 m基准信标装备方面取得了重要进展，未来应瞄准6000 m大地测量基准方舱和10 000 m基准信标的研制目标努力，特别是需要解决长时间能源供给问题。

海底大地测量基准方舱往往体积较大，内载多种多样的传感器和设备，因此，海底大地测量基准方舱的功耗、体积、兼容互操作、工作寿命等都是十分棘手的问题。为此，一方面，需要加大水下基准方舱内微型化载荷研制技术攻关；另一方面，需要加大各类载荷的弹性集成技术、低功耗技术的研究。

## 六、多源海洋观测数据的弹性融合理论与软件平台建设

在各类海面、海底、水下多源大地测量数据采集支撑条件下，构建多源海洋观测数据的弹性模型，实现多源信息的弹性融合，是海洋大地测量数据处理理论研究的重点方向。

"十三五"期间，我们构建了水下声呐定位函数模型和随机模型，并对其进行了弹性优化，初步建立了分米级海洋大地测量基准体系。

在函数模型构建方面，需要解决海洋复杂环境影响建模，即通过海洋环境要素采集，构建影响声学观测精度的误差模型和定位误差响应模型，为观测函数模型优化奠定基础，如图7-4所示。此外，需要关注海底基准观测系统本身的误差，如海底应答器硬件延迟系统误差、多传感器间偏差等。在随机模型构建方面，需要关注海洋声呐观测过程中的噪声及其相关性处理等问题。

在数据融合模型与方法方面，首先，研究各类系统误差补偿或抵偿策略；其次，开展附加先验信息的海底大地控制网贝叶斯参数估计理论研究，即充分利用各类先验信息以及上述海洋环境误差修正信息，研究提升海底大

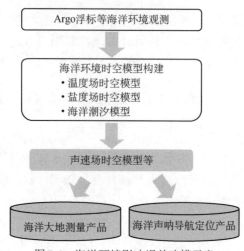

图7-4　海洋环境影响误差建模示意

地控制网定位定向精度的理论与方法；最后，需要精细考虑海洋环境场的时空变化规律，研究附加海洋声学环境影响参数的海底大地控制网网解模型，如图7-5所示。

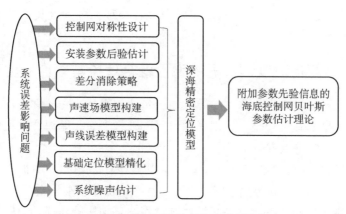

图7-5　海底控制网定位系统误差消除策略

　　海洋多源观测信息的弹性融合不仅是提升海洋观测模型自适应性的重要途径，也是未来实现智能数据处理的重要途径。构建水下弹性数据融合框架，必须解决观测模型的弹性优化和随机模型的弹性改进，为系统解决水下声呐定位系统误差补偿、系统误差影响控制提供理论基础。可以继续借鉴GNSS高精度定位模型，发展声呐高精度定位基础模型，包括非差/差分混合定位模型、附加声速误差估计的弹性定位模型等，如图7-6所示。

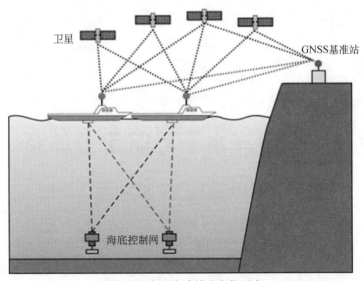

图7-6 水下声呐差分定位示意

综上所述，海洋大地测量基础设施建设、装备建设等都亟须统筹国家现有基础设施和技术资源，尽快建立和完善我国海洋大地测量基准基础设施，发挥协同创新优势，提高海洋大地测量自主观测装备研制能力，提高海底大地基准网络建设水平。

深化海洋大地测量基准理论与方法研究，重点发展更加自主可控的深海基准观测与维护硬软件支撑平台；突破海洋大地测量基准多源数据融合处理关键技术，解决我国发展全球空间基准所涉及的海洋大地测量基准建设与海洋立体观测关键技术问题。此外，结合国家综合PNT体系建设，探测水下有缆、无缆通信技术及其授时方法，并依托陆海空天多源大地测量对地观测基础设施和资源，研究由海岛、海面、海底以及水下多传感器时空网络节点构成的全球海洋时空基准立体观测技术体系，形成深海时空基准综合服务能力。通过"十四五"期间的努力，有望实现水下基准站工作深度不小于6000 m，水下工作时间不少于5年，基准站平面定位精度优于0.1 m（近期目标），构建多频多模的声呐导航定位服务体系，作用距离突破20 km，定位精度达到5 m。

国家海洋空间基准体系建设既要考虑陆海基准统一，又要做到满足水下用户的多种需求。面向水下导航定位用户，需要发展海底导航定位基准站基础设施；面向大地测量与海洋地质用户，则需要发展长时序甚至连续的、原位海底空间基准观测技术，提高海洋多源观测数据处理的理论水平和数据分析能力。

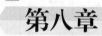

# 第八章
# 我国海洋水下导航定位体系
# 发展方向

海洋 PNT 技术体系发展既要区分水面和水下两种相对独立的场景，又要强调水上水下无缝 PNT 服务的一体化实现。海面 PNT 服务可以沿用空中和陆地 PNT 服务模式，因为在开阔的海面，可以使用所有无线电 PNT 服务体系和自主定位的惯性导航系统，当然，基于 5G 的定位模式可能只能作用于近海海面载体。水下 PNT 服务需要细分不同用户需求及其多种 PNT 服务模式。例如，对于无须隐蔽航行的水下载体，可以采用惯性导航，并辅以抛洒式 GNSS-A 浮标进行惯性导航定位标校。但是，对于隐蔽水下导航，通过海面 GNSS-A 浮标实现水下惯性导航标校存在安全隐患，为此需要寻求高隐蔽性的水下自主 PNT 服务模式。

## 第一节　国家海洋水下导航定位体系建设概况

从 PNT 整个服务体系角度而论，海洋 PNT 体系是国家综合 PNT 体系的重要组成部分。"十三五"期间海底声呐定位、水下惯性导航、重力匹配导航都取得了较丰硕的成果，理论、方法和技术也取得较大进展。

在理论框架研究方面，提出了国家综合 PNT 框架（杨元喜，2016），提出从深空到深海、从室外到室内的无缝 PNT 服务体系建设框架；之后，提出了弹性 PNT 概念（杨元喜，2018），包括弹性传感器集成、弹性函数模型优化、弹性随机模型改善和弹性数据融合准则与算法；作为多传感器组合 PNT 应用，又归纳分析了微型 PNT 终端设计准则和思路（杨元喜和李晓燕，2017）。

在国家综合 PNT 体系论证及框架设计的基础上，开展了海洋 PNT 体系论证。海面多源 PNT 应用取得实质性进展，包括鱼眼天文定位设备研制（李崇辉，2017）；海面载体的多 GNSS 定位与导航，尤其是基于北斗短报文通信的导航通信一体化，已经成为我国海洋海面载体 PNT 的重要手段（Yang et al.，2018，2019，2020b）；海面和海底声呐定位导航、水下载体惯性导航、重力匹配导航、惯性/重力组合导航等，不仅取得了丰富的理论研究成果，而且在硬件平台搭建、计算模型及软件系统等方面也取得了重要进展，有的研究平台和软件已经经过实际海洋导航验证。

海洋 PNT 体系建设理论探索需要实践的支持，国家经济建设和海洋战略、海洋安全更需要持续加强海洋 PNT 体系建设。未来 10 年，尤其是"十四五"时期，我国海洋 PNT 体系建设、理论研究、关键技术攻关、装备研制等都面临艰巨的任务，尤其是水下 PNT 技术体系建设与服务体系建设均面临巨大挑战。即使在建设条件相对良好的局部海域，海底 PNT 基础设施建设仍然困难重重，更不用谈大范围开展海底 PNT 基础设施建设；自主可控的水下长航时、高精度、高可靠的 PNT 装置研制还面临众多核心技术难题和"卡脖子"难题。

# 第二节　国家海洋PNT体系建设主要发展方向

根据"十三五"的技术攻关和理论研究，我们认为，"十四五"研究应该聚焦我国周边重点海域的 PNT 服务基础设施建设，重点放在水下 PNT 服务基础设施建设与技术攻关。从中长期发展考虑，应该将海洋 PNT 服务基础设施拓展到第二岛链和远海重点航道的水下 PNT 服务基础设施建设，并研制适合于水下长航时定位导航的自主可控装备。

## 一、国家"水下北斗系统"基础设施建设

首先，将海洋 PNT 纳入国家综合 PNT 体系统筹建设。海洋 GNSS 浮标/声呐组合网络可以作为 PNT 服务的一个重要信息源，它既可以服务于水下载体定位，也可以作为海底基准站监测的"动态海面北斗星座"。其次，海底基

准信标网络可建设成类似于北斗星座的固定"海底北斗系统",并作为海洋PNT的基础设施,纳入国家综合PNT体系框架进行统筹建设。为此,需要从海洋用户的多种 PNT 需求、水下PNT功能和性能等出发,全面兼顾天基PNT、空基PNT、地基PNT、海基PNT,实现与国家综合PNT体系的整体化建设,如图8-1所示。

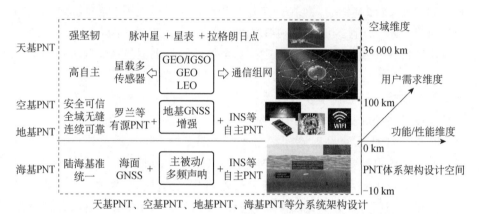

图 8-1　国家PNT体系架构示意

"海底北斗系统"还应充分考虑国家基准建设需求、智慧海洋建设需求,以及国家安全战略层面多方位需求,兼顾导航与通信融合、万物互联以及智能化等发展趋势,最终构建"中国海洋时空"新型基础设施平台,为我国海洋强国建设和海洋科技发展提供强大支撑。结合海洋通信网络、海洋环境监测网络以及海洋时空基准网络融合发展需求,研究海洋时空基准机动组网观测、网络通信等关键技术,解决超大规模海洋时空基准网的分布式管理模式,构建通信与导航深度融合的"海底北斗系统",如图8-2所示。

"海底北斗系统"需要具备远程水声导航定位能力,为此需要发展低频、超低频水声导航定位技术,并构建主动和被动声呐相结合的"海底北斗系统"自维持与多频多模声呐PNT服务体系,探索海洋环境声场信息支撑下的有源与无源导航定位技术。

国家层面的"水下北斗系统"基础设施主要面向国家需求、各行各业及公众用户最大共性需求,而特殊行业以及特殊用户需求需要在国家水下PNT基础设施基础上进行增强和扩展,因此,国家水下PNT服务的增强技术及其基础设施共建共享等问题也值得关注和研究。

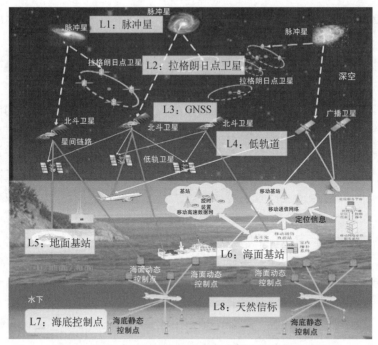

图8-2　海洋PNT与国家综合PNT体系一体化兼容设计

## 二、多机理PNT与匹配场信息资源建设

依赖单一的声呐信号源实现全球水下PNT服务既不经济也不现实，同时存在巨大的系统性风险和可靠性隐患，因此，从全海域导航定位需求角度，重力匹配导航、磁力匹配导航和海底地形匹配导航仍然是十分重要的可选择导航定位手段，从而为水下导航定位提供廉价的天然信标。因此，需要加强多机理PNT信息资源建设。

（1）需要加强海洋重力基础测量，并构建高精度、高分辨率网格重力场模型。

（2）加强海洋磁力场观测，形成高分辨率海洋磁力场，并构建相应磁力场模型。

（3）加强海底地形观测，构建高精度、高分辨率海底地形网格模型。基础重力场、磁力场和海底地形网格，可为高精度匹配导航提供基础支撑。

（4）加强海洋声速场观测与建模，为海洋声学观测、声学定位、导航与授时误差修正提供基础产品。

当然，上述天然信标信息资源建设离不开地面、海面、水下、海底等大地测量观测基础设施条件支撑。同时，应大力发展微惯性导航、微陀螺、芯片级原子钟以及量子导航等多机理传感器技术及其海洋场景应用研究。

## 三、海洋PNT核心元器件国产化

海洋PNT终端相比陆地同样装备具有更苛刻的研制要求和更大的研制难度。首先，水下PNT终端要具备抗压、防腐、防盐等能力。其次，在功能上也有更高要求，如水下惯性导航装备标校相对困难，因此需要累积误差更小的INS装备，最好具备自标校功能；又如，水下授时十分困难，如果通过声学信号进行授时服务，授时误差相对较大，因此需要研制高稳定的微型化原子钟，实现组合导航定时装备的自主PNT。最后，还需要解决中高低频声呐组合PNT关键技术问题，研制高灵敏声学导航定位传感器。

加大高精尖水下PNT装备技术战略储备，解决我国未来海洋PNT装备诸多"卡脖子"隐患，如探索水下声学定位装备数模转换芯片和数字信号处理芯片的国产化替代方案，解决中高低频声呐组合PNT关键技术问题，实现高灵敏水下换能器的国产化，研制国家自主高端声学定位系统，其中核心部件国产化率达到75%，中频声呐作用距离不小于20 km，满足水下静态0.3 m定位精度和5 m导航定位服务需求；低频声呐作用距离不小于100 km，满足导航定位服务精度优于100 m。此外，需要关注原子钟、量子导航、激光授时等PNT技术研发及其在水下导航定位中的应用，应该尽快突破冷原子钟、量子惯性导航装备、激光授时等PNT技术研发及其在水下导航定位中的应用，解决水下高压这一特殊环境下的传感器适应性问题。

## 四、深海长航时PNT终端弹性化与智能化

水下PNT服务必须具备长航时、高精度、高稳健、低功耗等特点，但是，目前大多数PNT传感器一般采用简单捆绑集成模式，存在终端体积大、功耗高、场景适用性差、坚韧性不足等问题。因此，弹性化、微型化水下PNT终端研制应该成为海洋PNT服务终端的发展方向。首先，各类PNT传感器的共性模块必须共用，其他非共性模块必须深度集成，集成传感器包括GNSS接收机、惯性导航传感器、声呐传感器、多普勒测速传感器、航位推算传感器、重力感知传感器、磁力感知传感器、压力传感器、海底地形或测深传感器以及微型原子钟等；其次，所有PNT传感器应该具备环境感知能力，使其PNT感知与环境感知自适应；最后，必须研制灵活便捷、功能可伸

缩、多场景可切换的海洋弹性PNT终端。在多传感器弹性集成的基础上，研究解决海洋导航定位装备多传感器自标校、自纠正、自重构、自适应导航瓶颈技术问题，突破水下导航多传感器深度集成关键技术（图8-3）。

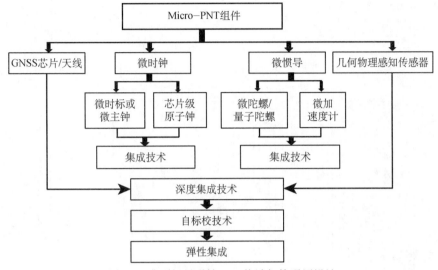

图8-3　典型场景弹性PNT终端架构通用设计

　　研发水下多源导航信息智能自适应融合软硬件平台，实现水下载体复杂环境下连续可靠的导航定位，声呐辅助多源融合水下导航定位精度优于5 m。面向海洋水面水下PNT服务及实现海洋万物互联需求，海洋综合PNT终端还应发展分布式、多终端协同导航定位能力。

## 五、弹性化PNT融合理论与算法

　　多源海洋PNT信息的接收与处理也需要研究新的途径，使其适应海面GNSS信息、水下声学信息、惯性导航信息、物理场和几何场信息的集成与融合。海洋多PNT信息融合同样需要考虑优先资源的快速计算和稳健计算等问题，需要实现多源信息的自适应融合。

　　水下PNT信息的自适应融合同样需要考虑函数模型的弹性化、随机模型的弹性化和数据处理方法的弹性化，数据处理需要具备模型自优化、误差自校正、算法自调整功能（图8-4）。因此，PNT参数估计准则、原理和快速计算方法都值得研究。

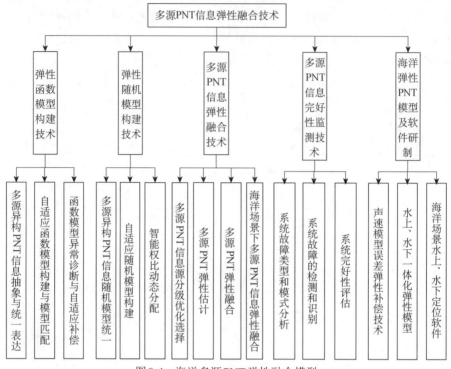

图8-4 海洋多源PNT弹性融合模型

## 六、极区PNT体系建设

为适应我国国家利益向两极拓展和极区资源勘探、环境监测和科学考察需求，必须加强极区PNT服务模式研究和PNT服务建设。在南北两极，天文定位、惯性导航定位往往失去效用，北斗卫星导航定位又由于用户的卫星高度角普遍偏低，卫星定位受电离层影响较大（杨元喜和徐君毅，2016）。

针对极区这一特殊观测环境和导航定位场景，亟须发展适合两极PNT服务的卫星星座或改进现有北斗星座的部分卫星轨道，增大倾角，提高导航卫星星座对南北极的覆盖几何结构，提高北斗系统在两极的PNT服务性能（Yang et al.，2020b）。此外，冰面和海底导航定位信标，一方面作为大地基准的组成部分，另一方面作为极区冰上、冰下PNT服务的基础设施。因此，需要攻克极区PNT基站的勘选、布放、回收等关键技术，还需要研究极地无人值守冰盖PNT基站的维护技术。在冰面、海底PNT基础设施建设的基础上，需要加强冰面、冰下和海底基站的观测维护技术，加强水下移动载体的PNT方法研究，全面提升极区时空基准立体组网观测能力和高效PNT服务能力。

随着北斗系统的逐渐成熟，我国开始论证以北斗系统为核心的国家综合PNT体系。然而，我国新一代PNT体系在体系架构设计、关键技术研究以及中长期发展规划等方面都尚处于起步阶段，海洋综合PNT体系建设仍处于解决方案摸索阶段。相信在未来15年，颠覆性PNT技术将取得重大突破，并逐渐走向小型化和实用化。然而，我国在量子PNT、芯片级原子钟PNT技术领域等的战略储备还十分有限，一方面需要我们不断加大自主科技创新投入，另一方面需要加强该领域的技术引进、人才引进以及企业间的技术合作。

# 第九章
# 我国海洋大地测量和海洋 PNT 学科建设

尽管国家海洋大地测量基准建设与海洋PNT需求迫切，但是海洋大地测量与导航学科建设几乎空白，相关科技人才和工程技术人才储备十分薄弱，难以满足国家海洋大地测量与导航技术领域发展的需要。因此我们认为，就当前阶段而言，首先，需要面向国家重大需求和重大工程建设需要，梳理海洋大地测量基准与导航学科体系、学科发展方向和重点研究方向；其次，需要注重和加强海洋多学科通达型人才孕育、海洋多技术综合观测复合型人才培养、海洋传感器领域尖端人才引进和培养以及海洋工程技术应用型人才培养与培训；最后，需要加强海洋科技与工程技术领域的国际交流和合作。

## 第一节　海洋大地测量学科发展概况

海洋大地测量学是大地测量学的重要组成部分，也是大地测量学的重要分支学科，同样是海洋学与大地测量学的一个交叉领域。海洋大地测量学是目前学科体系最不完整、发展相对滞后的大地测量学科，但是该学科却是当前乃至今后相当长一段时间国家需求最旺盛、发展空间和潜力最大的大地测量分支学科之一，也是大地测量学科解决全球性大地测量学科问题所必须长足发展的学科分支。

海洋大地测量学包括海洋大地基准建立与维持、海面地形和海底地形测量、海洋重力场、海洋磁力场、海洋潮汐测量及其数据处理理论与方法，也包括利用海洋大地测量观测所进行的海洋物理环境反演等。作为地球科学的一个重要分支，大地测量学本身就是地球科学领域学科发展历史悠久，但又随着科学技术特别是观测技术进步而蓬勃发展的年轻学科。最近50年来，大地测量观测技术（观测平台、观测设备）的进步、观测能力的提升、数据处理理论和方法的进步，使得大地测量理论研究和应用服务水平不断提升，大地测量应用领域不断拓展，大地测量学科也在不断进化，并与其他学科不断交叉与融合，发展生成新的分支学科。

首先，大地测量观测技术的进步，包括海洋大地测量所需的海底声呐观测技术的进步和发展，不断推动大地测量基础理论研究的发展，如以电磁波测距、甚长基线干涉测量、航空和航天重力测量等为代表的新的大地测量技术出现，为我们研究地球形状和重力场及其随时间的变化提供了新的更高精度、更高分辨率的观测手段（Kaula and Street，1996；Seeber，2008）。卫星大地测量的兴起，给传统大地测量带来了革命性的变革，卫星大地测量的连续观测，促进了静态大地测量学向动态大地测量学的发展，并为地球动力学、行星学、大气学、海洋学、板块运动学和冰川学等提供基准信息，主导着大地测量学科的发展和大地测量应用领域的拓展。

其次，地球系统科学的产生和发展，促进了大地测量与地球科学和空间科学的多个学科交叉发展，已成为推动地球科学、空间科学和军事科学发展的前沿科学之一。动态大地测量学对地球科学的贡献基本表现在如下三个方面：①为地球动力过程所产生的地表力学效应提供精确的数据和图像（Reigber et al.，2002；Tapley et al.，2004；Floberghagen et al.，2011；杜瑞林等，2016）；②为地球深部动力学过程所引起的物质迁移及其动力学参数反演提供边界条件和约束条件（金涛勇等，2010；赵丽华等，2011；宁津生，2014）；③为验证新发现、新理论和新模型提供高精度大地测量观测验证与检验。

再次，随着人类社会经济发展对空间信息和时间信息需求的不断增长，大地测量的时空基准服务能力不断提升，尤其是 GNSS 和其他卫星大地测量手段的发展，加速了大地测量学科的发展和应用领域的拓展，大地测量时空基准服务更加便捷和高效。当然，卫星大地测量技术的发展也极大促进了全球海洋观测能力的提升，并促生了 GNSS-A 组合海底大地测量技术、GNSS-A 组合海底地形探测技术、GNSS 潮汐观测技术。近年来，GNSS 折射信号反演（GNSS-R）又促进了空间大地测量与遥感学交叉发展。GNSS-R 是一种利用 GNSS 反射信号对海洋、陆地或冰川雪地进行被动式遥感探测的技术（金双根等，2017），可以进行海面测绘、海平面变化监测、潮汐反演、海面风浪场反演、海水盐度估计等。在陆地遥感方面，微波波段对水分敏感，因此可以估计土壤湿度和植物生长量；在冰川雪地遥感方面，充分利用 GNSS 在时空分辨率上的优势，可以测量海冰与积雪的厚度、密度、粗糙度等。随着GNSS-R 反射测量技术的发展，其应用领域将进一步拓展到海洋重力场反演，以及火山、地震形变等灾害监测中。

最后，直接作用于海洋的卫星测高、卫星重力等卫星大地测量技术开启了获取全球海洋观测数据的新纪元，促进了海洋学和大地测量的结合。卫星测高和卫星重力测量促进了海平面变化与海洋重力异常变化测定（李建成等，2003；蒋涛等，2010；金涛勇和李建成，2012）技术进步，并提升了海平面变化监测和海洋重力异常测定精度与分辨率；促进了海洋大地水准面起伏（Sandwell and Smith，1997）、海面地形和海底地形测量、海洋大地基准等技术进步，并为监测海洋环流、海洋环境、极地环境和海洋潮汐等提供了几何及重力场信息（李建成等，2006；Andersen et al.，2010）；在海洋科学研究和应用服务等领域也发挥了重要作用（李建成和金涛勇，2013；杨元喜等，2017）。

近两年取得重要进展的海底定位技术促进了我国空、天、海及水下定位技术的发展，以及水下重力和磁力传感器的进步，也促进了水下导航定位理论的发展与技术进步（赵建虎和王爱学，2015），进而促进了真正的海洋大地测量学的发展（包括海洋物理大地测量和水下导航定位学科）（杨元喜等，2017；Yang et al.，2020a）。

在国家重大需求牵引下，海洋大地测量与导航已逐渐成为当前战略性新兴学科发展方向。因此，无论是作为大地测量的分支学科还是海洋学与大地测量学的交叉学科，海洋大地测量都是目前最需要投入人力和物力大力发展的学科，没有海洋大地测量的发展，国家海洋强国战略的实现就将受到制约，海洋经济、海洋安全、海洋环境保护、海洋勘探、海洋科学等的发展也会受到制约。

# 第二节　海洋 PNT 学科发展概况

从学科体系看，海洋 PNT 不是独立学科，从传统学科划分，导航属于导航、制导与控制学科，定位属于大地测量学，授时属于计量或天文学，因此

PNT 学科属于典型的交叉学科。由于 GNSS PNT 技术的发展，PNT 体系与无线电通信交叉明显，尤其是中国北斗系统又与卫星通信领域深度交叉；由于 GNSS 在定位、大地坐标框架建设等领域作用突出，GNSS PNT 学科又与大地测量学深度交叉，成为最近几十年大地测量学研究的最重要增长点；GNSS PNT 在国民经济建设、国防建设、国家基础设施安全、智能交通等方面的重要性逐渐凸显，PNT 关系到人们生活的方方面面，因此 PNT 体系又成为国家重要基础设施的核心组成部分。

2020 年 7 月底，北斗系统正式运行服务（Yang et al.，2020b），标志着我国天基 PNT 服务体系步入全球服务先进行列。但是，海洋 PNT 服务体系一直是我国 PNT 服务体系的短板，严重制约我国的海洋航行安全，尤其是严重制约水下隐蔽航行安全，制约国家海洋科学考察和海洋经济发展。

尽管海基 PNT 服务体系需求十分迫切，但是由于技术体系落后，技术瓶颈很多，一直没有引起导航学界的高度重视，也没有引起海洋学界的高度重视，导致研究海洋 PNT 服务模式的学者少，学术成果少，服务与产品少，与海洋科学的发展不匹配，与国家海洋发展战略不匹配，与建设海洋强国的目标不匹配。

当然，海基 PNT 体系建设远比天基、陆基 PNT 体系建设难度大得多，而且建成后的大众感受度也低得多，用户少得多。首先，抗压、防腐、防拖曳的深海海底综合基准站研制难；其次，海底长寿命工作难，因为卫星可以利用太阳帆板获得部分能源，也可以自带燃料提供能源，而海底无缆信标方舱很难获得能源补给；最后，海底信标网络大范围布设难，因为水下声呐受海底地形影响，声呐传递距离短，欲获得全海域的海底声呐 PNT 服务，大量布设海底声呐信标代价大、性价比小。但是，海底 PNT 对国家海洋战略及国家海洋安全、海洋科考具有极其重要的作用，因此，具有选择性地、优化布设海底声呐信标网络可以作为优先策略。

尽管海洋 PNT 不是独立学科，但是鉴于其重要性及其与其他学科的深度关联，可以将海洋 PNT 分支学科建设纳入海洋大地测量或导航制导与控制，也可以与国家综合 PNT 一起成为新的交叉学科，进行整体建设。

# 第三节　海洋大地测量与海洋 PNT 人才培养

应从学科体系方面明确海洋大地测量与海洋 PNT 学科的归属，设置海洋导航定位相关专业，至少在具有测绘专业的院校设置海洋大地测量和海洋PNT体系建设的研究生培养规划。在课程设计方面，如果不能专门设立海洋大地测量和海洋PNT专业课程，可以先将海洋大地基准建设纳入大地测量学科，拓展原有的大地测量学科教学内容；把海洋PNT服务体系教学内容纳入导航、制导与自动化专业课程，强调海洋水下导航与制导的特殊性，拓展导航、制导与自动化专业教学内容；可以直接在海洋学中将"海洋大地测量与海洋水下PNT服务体系"作为与"海道测量"并列的专业课程。

提升海洋大地测量基准与导航定位技术领域自主创新能力，需要一批科研、生产、管理、现场作业与施工等专业人才，既要有高端创新型人才、产业链环节专业人才，也要有工程技术人才及管理人才。一是，培养一支海洋大地测量基准与导航科研技术攻关队伍，提升我国海洋大地测量基准与导航定位自主创新能力；二是，从关键技术攻关、工程设计、工程部署、工程管理和系统运行维护等方面培养专业人才，补充我国海洋大地测量基准工程建设人才队伍；三是，通过产学研全链条培养锻炼高端创新型研发人才、产业链环节方面的专业人才、工程技术人才和海洋大地测量与海洋PNT体系管理人才。

我国在海底空间基准与导航定位装备以及信号处理等方面缺少技术，当然也缺少高端技术人才，特别是在高精度、高灵敏度水听器技术方面，与国外发达国家有一定差距。为了弥补这些方面的不足，在加强科研攻关的同时，可以加大相关专业人才的引进，解决人才与技术急需。此外，积极参与国际海洋测绘组织各类规则、标准的制定，参与国际上与海洋PNT服务有关的各级国际学术组织，借鉴国际海洋大地测量基准建设与海洋PNT建设经验，通过国际交流，提高海洋大地测量和海洋PNT体系建设的人才水平。

需要强调的是，国家海洋综合PNT体系是国家综合体系建设的有机组成部分，其建设需要大力引进综合PNT技术领域的优秀人才，特别是在综合PNT和海洋PNT领域的材料科学人才、水下通信专业技术人才、水下传感器研发人才等。我国在综合PNT体系领域的短板主要是微PNT技术，以及量子导航等颠覆性技术，因此，这也是制约海洋综合PNT技术发展的技术瓶颈和"卡脖子"问题。

# 第四节　国际学术交流与技术合作

靠一国之力很难实现全球海洋大地测量基准与海洋PNT服务的有效覆

盖，更难以满足各类用户的多样性需求，因此加强世界各国现有全球海底观测基础设施和数据资源的利用，以及世界各国研发能力和技术力量的整合，这是既快又省实现海洋大地测量观测与导航技术服务人类社会经济发展、服务地球科学的重要策略。加强海洋大地测量与海洋导航技术领域的国际合作和技术交流，则是我国海洋大地测量与导航学科发展和海洋 PNT 技术研发能力提升的内在要求。

## 一、加强基础研究领域的学术交流与合作

加强与国际大地测量协会（International Association of Geodesy，IAG）的合作，该组织是历史最悠久的国际学术组织之一。2019 年，IAG 专门设立了海洋大地测量交叉委员会（ICCM），并由杨元喜院士担任主席（Poutanen and Rózsa，2020）。该交叉委员会致力于海底大地测量与海底参考框架及其水下导航定位应用服务研究。

国际大地测量是目前地球科学和相关交叉学科领域最活跃的学科之一（Drewes，2008）。如图 9-1 所示，国际大地测量主要关注地球自转、几何测量、重力场以及参考框架等大地测量学科领域。IAG 目前拥有 4 个分委会、3 个学科交叉委员会和 全球大地测量观测系统（Global Geodetic Observing System，GGOS），以及 13 个服务机构（表 9-1）。

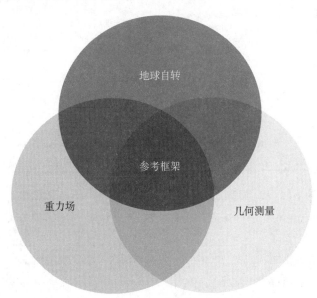

图 9-1　IAG 重点研究领域

表 9-1　国际海洋科学组织

| 序号 | 国际组织名称 | 隶属 | 成立时间 | 科学目标 |
|---|---|---|---|---|
| 1 | 全球气候观测系统（GCOS） | 世界气象组织（WMO） | 1992 | 全球气候观测系统确保获得解决气候相关问题所需的观测和信息，并向所有潜在用户提供 |
| 2 | 全球海平面观测系统（GLOSS） | 联合国教育、科学及文化组织（UNESCO）政府间海洋学委员会（IOC） | 1985 | 为全球和区域海平面网络提供监督和协调，并依赖当地验潮仪运营商的反馈和指导，以保持高质量海平面观测的创建。GLOSS 的气候、沿海和业务服务单元通过逐步发展海平面测量网络、数据交换和收集系统以及为各种用户群体准备海平面产品，为全球海洋观测系统做出贡献 |
| 3 | 全球海洋观测系统（GOOS） | IOC、WMO、ICSU | 1992 | 监测气候、业务服务和海洋生态系统健康 |
| 4 | 国际海洋勘探理事会（ICES） | UNESCO | 1902 | 满足社会对国家和可持续利用海洋的公证证据的需求 |
| 5 | 政府间海洋学委员会（IOC） | | 1960 | 对不断变化的世界海洋气候和生态系统的强烈科学理解和系统观测 |
| 6 | 国际全球大气化学（IGAC） | 国际大地测量学和地球物理学联合会（IUGG） | 1990 | 促进大气化学研究朝着一个可持续发展的世界发展 |
| 7 | 全球海洋通量联合研究（JGOFS）国际项目办公室 | 美国国家海洋和大气管理局（NOAA） | 1990 | 研究和控制海洋中控制碳及相关生物组成元素通量变化的各种过程 |
| 8 | 大洋钻探计划（ODP） | 海洋协会地球深层取样机构（JOIDES） | 1968 | 通过钻探取得的岩心来研究大洋地壳的组成、结构以及形成演化历史的国际科学合作钻探计划。这是一项通过在大洋底部钻探以进入地球内部采集洋底沉积物和岩石样本进行基础研究的国际合作项目，是深海钻探计划（DSDP）的延伸 |
| 9 | 热带海洋和全球大气试验计划（TOGA） | 世界气候研究计划（WCRP） | 1991 | 季节至年际时间尺度海–气相互作用问题 |
| 10 | 全球大洋环流实验项目办公室 | WCRP | 1990 | 旨在全球范围内观测和了解海洋各种时间尺度变化及其对全球气候产生的影响，建立气候变化预测模式 |

　　此外，还要加强与国际海洋科学组织的合作，如与海洋研究科学委员会（Scientific Committee on Oceanic Research，SCOR）开展海洋地质领域研究。SCOR 是国际科学理事会（ICSU）下属的常设科学委员会，1957 年成立于美国的伍兹霍尔海洋研究所，主要促进和组织海洋各分支学科的国际科学研究活动，发起和支持长期大型国际海洋学计划，制定国际海洋研究规划，促进海洋资料交换，建立各种资料标准。

## 二、加强与世界知名海洋研究机构的合作

如表 9-2 所示,美国、英国、日本、德国等国都拥有世界一流的海洋研究所,其中,美国的海洋研究机构数量最多、学科最全、研究领域最广(王淑玲等,2012)。

表9-2 国际知名海洋研究机构

| 序号 | 海洋学相关机构 | 国家 |
|------|----------------|------|
| 1 | 伍兹霍尔海洋研究所 | 美国 |
| 2 | 国家海洋和大气管理局 | 美国 |
| 3 | 华盛顿大学 | 美国 |
| 4 | 加利福尼亚大学圣迭戈分校 | 美国 |
| 5 | 联邦科学与工业研究组织 | 澳大利亚 |
| 6 | 夏威夷大学 | 美国 |
| 7 | 加利福尼亚大学圣塔芭芭拉分校 | 美国 |
| 8 | 亥姆霍兹极地和海洋研究中心 | 德国 |
| 9 | 麻省理工学院 | 美国 |
| 10 | 普利茅斯海洋实验室 | 英国 |
| 11 | 奥塔哥大学 | 新西兰 |
| 12 | 迈阿密大学 | 美国 |
| 13 | 东英吉利大学 | 英国 |
| 14 | 弗吉尼亚海洋科学研究所 | 美国 |
| 15 | 罗格斯大学 | 美国 |
| 16 | 国家大气研究中心 | 美国 |
| 17 | 普林斯顿大学 | 美国 |
| 18 | 国家航空航天局 | 美国 |
| 19 | 塔斯马尼亚大学 | 澳大利亚 |
| 20 | 南加利福尼亚大学 | 美国 |
| 21 | 加利福尼亚大学圣克鲁兹分校 | 美国 |
| 22 | 东京大学 | 日本 |
| 23 | 俄勒冈州立大学 | 美国 |
| 24 | 得克萨斯农工大学 | 美国 |
| 25 | 国家研究委员会海洋科学研究所 | 西班牙 |
| 26 | 渔业及海洋部 | 加拿大 |
| 27 | 达尔豪西大学 | 加拿大 |
| 28 | 国家水资源和大气研究所 | 新西兰 |
| 29 | 根特大学 | 比利时 |
| 30 | 莱布尼兹海洋科学研究所 | 德国 |

世界各国海洋研究机构的研究领域涵盖了海洋科学与工程技术领域，包括海洋生物与海洋生态、海洋化学、海洋地质与地球物理学、海洋大气与海洋环境以及应用海洋等技术领域，其中海洋大地测量学科和海洋地质与地球物理学领域联系最紧密，而海洋PNT几乎可以应用到上述各个研究领域。

## 三、加强政府间双边和多边合作

海底观测网络具有长期、动态、实时的优势，相对卫星遥感和调查船观测系统，海底观测网络被形象地称为地球观测系统的第三个平台。然而，在浩瀚的海洋上构建全球大地测量与导航定位基础设施，不但建设维护成本高昂，而且很难实施。因此，通过开展国际合作和海底观测基础设施平台共享，从技术合作和统一标准两方面入手有望解决这一难题。

全球海底观测网已经成功布设在很多海域，然而，单靠一国之力很难实现全球有效覆盖。世界各国，包括加拿大、美国、日本和欧洲国家都依据自己的科学目标，建立了相应的有缆海底观测网。日本是最早建立有缆海底观测网的国家之一，如建立了密集海底地震和海啸观测网络系统。美国和加拿大也是较早提出筹建海底观测网计划的国家，如加拿大的"海王星"（NEPTUNE）海底观测网和"金星"（VENUS）海底观测网、美国的"火星"（MARS）观测网和海洋观测计划–区域尺度节点观测网（OOI-RSN）。同时，欧洲国家也积极加入海洋观测网建设中，如欧洲海底观测网络（ESONET）。

我国海底有缆观测网建设刚刚起步，观测网的建设和维护需要大量相关科研及技术人员的参与，特别是维护海底观测网所需的ROV技术。该技术目前主要由相关科研单位采取自行研制或与高新技术企业合作研制，因此，需要加强与全球其他海底观测网维护单位的合作和交流。

此外，虽然全球海洋重力场、全球海洋潮汐模型、海洋温度/盐度模型在过去的10多年取得了巨大的技术进步，但其模型分辨率和模型精度还有待进一步提升。相比之下，高精度、高分辨率海底地形数据还存在大量空白，这也是制约地形匹配导航应用的重要因素。上述全球海洋几何物理模型很难通过一国之力完成，因此寻求国际合作就成为解决上述问题的重要途径。

海洋是各国可持续发展的重要空间和资源，涉及国家安全和国家海洋权益，因此，除了通过国际科学合作解决境外海洋大地测量基准与海洋导航基础设施建设外，还应考虑借助政府间双边和多边合作方式，加强我国海洋大地测量基础与海洋导航技术成果推广应用，推动海洋大地测量基准框架及全球海洋地理信息资源建设的全球化进程。

　　值得关注的是，2015 年第 69 届联合国大会通过了题为"促进可持续发展的全球大地测量参考框架"的决议，敦促共享地理空间信息，以造福人类与地球。我们认为，海洋大地测量参考框架作为全球大地测量参考框架的重要组成部分，也需要世界各国共同努力建设、维持，并实现基础设施和数据资源共享。

参 考 文 献

暴景阳，许军. 2013. 卫星测高数据的潮汐提取与建模应用. 北京：测绘出版社.

蔡艳辉，程鹏飞，文汉江，等. 2014. 基于ARGO浮标数据的全球海水声速场研究. 遥感信息，29（5）：13-19.

陈国生，叶向东. 2009. 海洋资源可持续发展与对策. 海洋开发与管理，26（9）：104-110.

陈静，杨小帆，曾智. 2006. 一种基于基因库和多重搜索策略求解TSP的遗传算法. 计算机科学，33（8）：195-197.

陈俊勇，李健成，晁定波，等. 2003. 我国海域大地水准面的计算及其与大陆大地水准面拼接的研究和实施. 地球物理学报，46（1）：31-35.

陈俊勇，杨元喜，王敏，等. 2007. 2000国家大地控制网的构建和它的技术进步. 测绘学报，（1）：1-8.

程鹏飞，成英燕，秘金钟，等. 2014. 2000国家大地坐标系建立的理论与方法. 北京：测绘出版社.

代志国. 2015. 基于SITAN算法的水下地磁辅助惯性导航原理及仿真研究. 哈尔滨：哈尔滨工程大学.

党亚民，成英燕. 2010. 大地坐标系统及其应用. 北京：测绘出版社.

党亚民，程鹏飞，章传银，等. 2012. 海岛礁测绘技术与方法. 北京：测绘出版社.

杜瑞林，徐菊生，乔学军. 2016. 地震大地测量学引论. 北京：科学出版社.

鄂栋臣，张胜凯，周春霞. 2007. 中国极地大地测量学十年回顾：1996—2006年. 地球科学进展，22（8）：784-790.

冯遵德，卢秀山，郭英. 2004. 测距空间交会测量模式中交会图形优劣的诊断. 测绘通报，（12）：24-26.

高翔，杨雷，刘坤，等. 2018. 基于海底大地控制网的多传感器深海方舱. CN20172040
　　1578.7.

郭有光，钟斌，边少锋. 2003. 地球重力场确定与重力场匹配导航. 海洋测绘，23（5）：
　　61-64.

国家发展改革委，外交部，商务部. 2015. 推动共建丝绸之路经济带和21世纪海上丝绸之
　　路的愿景与行动. 交通财会，（4）：84-89.

韩立民，李大海. 2015. "蓝色粮仓"：国家粮食安全的战略保障. 农业经济问题，（1）：24-
　　29.

韩云峰，郑翠娥，孙大军. 2017. 长基线声学定位系统跟踪解算优化方法. 声学学报，
　　（42）：20.

胡贺庆. 2017. 基于USBL辅助SINS的AUV导航技术研究. 南京：东南大学.

胡展铭，史文奇，陈伟斌，等. 2014. 海底观测平台——海床基结构设计研究进展. 海洋技
　　术学报，33（6）：123-130.

黄谟涛，欧阳永忠，翟国君，等. 2013a. 融合多源重力数据的Tikhonov正则化配置法. 海
　　洋测绘，33（3）：6-12.

黄谟涛，欧阳永忠，翟国君，等. 2013b. 海域多源重力数据融合处理的解析方法. 武汉大
　　学学报（信息科学版），38（11）：1261-1265.

黄谟涛，翟国君，欧阳永忠，等. 2002. 海洋重力测量误差补偿两步处理法. 武汉大学学报
　　（信息科学版），（3）：251-255.

贾立双，李家军，冯志涛. 2015. 深海高可靠声学应答基准设计与实现. 电子设计工程，
　　23（12）：1-3.

姜丽丽. 2006. 论中国海洋维权执法. 青岛：中国海洋大学.

姜卫平，李建成，王正涛. 2002. 联合多种测高数据确定全球平均海面WHU2000. 科学通
　　报，47（15）：1187-1191.

姜晓轶，潘德炉. 2018. 我国智慧海洋发展的建议. 海洋信息，（1）：1-5.

蒋涛，李建成，王正涛，等. 2010. 联合Jason-1与GRACE卫星数据研究全球海平面变化.
　　测绘学报，39（2）：135-140.

焦念志，蔡阮鸿，杜鹏，等. 2018. 蓝碳行动在中国. 北京：科学出版社.

金双根，张勤耘，钱晓东. 2017. 全球导航卫星系统反射测量（GNSS+R）最新进展与应用
　　前景. 测绘学报，46（10）：1389-1398.

金涛勇，李建成. 2012. 利用验潮站观测数据校正测高平均海平面变化线性漂移. 武汉大学
　　学报（信息科学版），37（10）：1194-1197.

金涛勇，李建成，王正涛，等. 2010. 近四年全球海水质量变化及其时空特征分析. 地球物

理学报, 53 (1): 49-56.

景一帆, 杨元喜, 曾安敏, 等. 2017. 北斗区域卫星导航系统定位性能的纬度效应. 武汉大学学报 (信息科学版), 42 (9): 1243-1248.

柯宝贵, 张利明, 王伟, 等. 2017. 基于 Cryosat-2 与船载重力测量数据反演我国近海海域重力异常. 同济大学学报 (自然科学版), (45): 1531-1538.

柯宝贵, 张利明, 章传银, 等. 2018. 卫星测高与船载重力测量数据融合的点质量拟合法. 测绘学报, 47 (7): 36-41.

邝英才, 吕志平, 陈正生, 等. 2019. 基于方差分量估计的多模 GNSS/声学联合定位方法. 中国惯性技术学报, 27 (2): 181-189.

邝英才, 吕志平, 王方超, 等. 2020. GNSS/声学联合定位的自适应滤波算法. 测绘学报, 49 (7): 854-864.

李崇辉. 2017. 基于鱼眼相机的舰船天文导航技术研究. 测绘学报, 46 (12): 2042.

李德仁, 袁修孝. 2002. 误差处理与可靠性理论. 武汉: 武汉大学出版社.

李鼎, 许江宁, 何泓洋. 2020. 半球谐振陀螺在海洋导航定位中的应用. 导航定位学报, 31 (3): 27-35.

李冬航. 2020. "北斗+" 融合创新与 "+北斗" 时空应用. 卫星应用, (7): 32-36.

李风华, 路艳国, 王海斌, 等. 2019. 海底观测网的研究进展与发展趋势. 中国科学院院刊, 34 (3): 321-330.

李建成. 2012. 最新中国陆地数字高程基准模型: 重力似大地水准面 CNGG2011. 测绘学报, 41 (5): 651-660.

李建成, 姜卫平, 章磊. 2001. 联合多种测高数据建立高分辨率中国海平均海面高模型. 武汉大学学报 (信息科学版), 26 (1): 40-45.

李建成, 金涛勇. 2013. 卫星测高技术及应用若干进展. 测绘地理信息, 38 (4): 1-8.

李建成, 宁津生, 陈俊勇, 等. 2003. 中国海域大地水准面和重力异常的确定. 测绘学报, 32 (2): 114-119.

李建成, 宁津生, 晁定波, 等. 2006. 卫星测高在大地测量学中的应用及进展. 测绘科学, 31 (6): 19-23.

李林阳, 吕志平, 崔阳. 2018. 海底大地测量控制网研究进展综述. 测绘通报, (1): 8-13.

李姗姗. 2010. 水下重力辅助惯性导航的理论与方法研究. 洛阳: 解放军信息工程大学.

李姗姗, 吴晓平, 陈少明. 2008. 重力辅助惯性导航中重力归算的垂直梯度计算. 测绘科学, 33 (2): 10-12.

李尚勇. 2015. 水污染是中华民族心腹大患. 民主与科学, (4): 32-37.

李世泽. 2017. 坚持陆海统筹 加快建设海洋强区. 广西经济, (10): 39-40.

李婉秋，王伟，章传银，等. 2018. 利用 GRACE 卫星重力数据监测关中地区地下水储量变化. 地球物理学报，61（6）：2237-2245.

李薇. 2004. 水下 DGPS 高精度定位系统取得阶段性成果——我国第一套水下 GPS 系统湖试成功. 遥感信息，（1）：34.

刘凤鸣. 2008. 海洋重力测量数据实时处理技术研究. 哈尔滨：哈尔滨工程大学.

刘慧敏，王振杰，吴绍玉，等. 2019. 顾及声线弯曲的浅海多目标水声定位算法. 石油地球物理勘探，54（1）：9-15，5.

刘经南，陈冠旭，赵建虎，等. 2019. 海洋时空基准网的进展与趋势. 武汉大学学报（信息科学版），44（1）：20-40.

刘俊. 2007. 长基线水下导航定位技术研究. 哈尔滨：哈尔滨工程大学.

刘美琪. 2015. 重力匹配辅助惯性导航系统算法研究. 北京：北京理工大学.

刘庆军，刘锋，武向军. 2017. 国家综合PNT体系的总体架构及其时空基准//中国卫星导航系统管理办公室学术交流中心. 第八届中国卫星导航学术年会论文集——S11PNT 新概念、新方法及新技术：7-11.

陆伟亮. 2012. 液浮陀螺电机综合测试系统研制. 上海：上海交通大学.

吕华庆. 2012. 物理海洋学基础. 北京：海洋出版社.

马越原，曾安敏，许扬胤，等. 2020. 声线入射角随机模型在深海环境中的应用. 导航定位学报，8（3）：65-68.

宁津生. 2014. 基于SINS/GNSS的航空矢量重力测量数据处理方法研究. 中国工程科学，3：4-13.

宁津生，吴永亭，孙大军. 2014. 长基线声学定位系统发展现状及其应用. 海洋测绘，23（4）：72-75.

欧阳明达，马越原. 2020. 基于改进A*算法的水下重力匹配导航路径规划. 地球物理学报，63（12）：4361-4368.

欧阳明达. 2020. 水下匹配导航的TERCOM算法与ICCP算法之比较. 测绘科学技术学报，37（4）：350-355.

青岛市崂山区志编纂委员会. 2008. 崂山区志. 北京：方志出版社.

人民日报. 2013. 习近平：进一步关心海洋认识海洋经略海洋 推动海洋强国建设不断取得新成就. 2018-08-01：01.

盛景荃. 2009. 上海建成中国第一套海底观测组网技术系统. 华东科技，（7）：44.

舒晴，周坚鑫，尹航，等. 2011. 应用和研制中的航空重力梯度测量系统//中国地球物理学会第二十七届年会论文集.

孙大军，郑翠娥，崔宏宇，等. 2018. 水下传感器网络定位技术发展现状及若干前沿问题.

中国科学：信息科学，48（9）：5-20.

孙大军，郑翠娥，钱洪宝，等. 2012. 水声定位系统在海洋工程中的应用. 声学技术，31
　（2）：125-132.

孙大军，郑翠娥，张居成，等. 2019. 水声定位导航技术的发展与展望. 中国科学院院刊，
　34（3）：331-338.

孙文舟，殷晓冬，曾安敏，等. 2020. 海底控制点定位初始入射角迭代计算方法的比较研
　究. 武汉大学学报（信息科学版），45（10）：1588-1593.

孙中苗，夏哲仁，石磐，等. 2004. 航空重力测量数据的滤波与处理. 地球物理学进展，19
　（1）：119-124.

唐秋华，纪雪，丁继胜，等. 2019. 多波束声学底质分类研究进展与展望. 海洋科学进展，
　37（1）：1-10.

陶本藻. 1992. GPS水准似大地水准面拟合和正常高计算. 测绘通报，（4）：14-18，36.

田坦. 2007. 水下定位与导航技术. 北京：国防工业出版社.

王博，付梦印，李晓平，等. 2020. 水下重力匹配定位算法综述. 导航与控制，19（Z1）：
　177-185.

王博，马子玄. 2019. 一种基于相关分析的采样矢量匹配定位方法. CN201910770081.6.

王博，王诚龙，肖烜，等. 2018. 基于纹理特征的水下重力辅助惯性导航适配区选取方法.
　CN201810739260.9.

王博，周明龙，邓志红，等. 2019a. 基于虚拟航向的重力辅助惯性导航区域适配性评价方法.
　CN201910424930.2.

王博，朱经纬，邓志红，等. 2019b. 一种基于粒子滤波嵌套粒子滤波算法的重力匹配定位
　方法. CN201910054237.0.

王博，朱经纬，肖烜，等. 2017. 基于矢量匹配算法的重力匹配定位误差抑制方法.
　CN201711420745.3.

王虎彪，王勇，郑晖. 2011. 重力匹配辅助导航中的航线设计研究//中国地球物理学会第二
　十七届年会论文集.

王辉赞，王桂华，安玉柱，等. 2012. Argo浮标温盐剖面观测资料的质量控制技术. 地球物
　理学报，55（2）：577-588.

王璐菲，李方. 2015. 美国欲创建水下GPS系统. 防务视点，（8）：62.

王淑玲，管泉，王云飞，等. 2012. 全球著名海洋研究机构分布初探. 中国科技信息，
　（16）：56-58.

王薪普，薛树强，曲国庆，等. 2021. 水下定位声线扰动分析与分段指数权函数设计. 测绘
　学报，50（7）：982-989.

魏国旗. 1991. 开展海洋统计 促进我国海洋事业的发展. 中国统计,(3):28-29.

魏子卿. 2008. 2000 中国大地坐标系. 大地测量与地球动力学, 28(6):1-5.

文援兰, 熊介, 杨元喜. 1994. 几种平均海面模型的数字实现与比较. 测绘科学技术学报, (3):167-170.

文援兰, 杨元喜. 2001. 我国近海平均海面及其变化的研究. 武汉大学学报(信息科学版), 26(2):127-132.

吴刚, 魏一鸣. 2009. 我国石油进口的海洋运输风险分析. 中国能源,(5):9-12.

吴太旗, 黄谟涛, 陆秀平, 等. 2007. 重力场匹配导航的重力图生成技术. 中国惯性技术学报, 15(4):438-441.

吴永亭, 周兴华, 杨龙. 2003. 水下声学定位系统及其应用. 海洋测绘, 23(4):18-21.

吴永亭. 2013. LBL 精密定位理论方法研究及软件系统研制. 武汉:武汉大学.

奚碚华, 于浩, 周贤高. 2011. 海洋重力测量误差补偿技术. 中国惯性技术学报,(1):5-9.

向晔. 2014. 深水自主水下航行器导航与运动控制系统的设计与研究. 天津:天津大学.

新华社. 2017. 习近平:决胜全面建成小康社会 夺取新时代中国特色社会主义伟大胜利——在中国共产党第十九次全国代表大会上的报告. http://www.xinhuanet.com/politics/19cpcnc/2017-10/27/c_1121867529.htm[2020-02-10].

辛明真, 阳凡林, 薛树强, 等. 2020. 顾及波束入射角的常梯度声线跟踪水下定位算法. 测绘学报, 49(12):1-8.

徐宾, 宇婧婧, 张雷, 等. 2018. 全球海表温度融合研究进展. 气象科技进展, 8(1):64-170.

许大欣. 2005. 利用重力异常匹配技术实现潜艇导航. 地球物理学报, 48(4):812-816.

许江宁. 2017. 浅析水下 PNT 体系及其关键技术. 导航定位与授时, 4(1):1-6.

杨凡. 2017. 高精度水下多信标定位跟踪系统研究. 舟山:浙江海洋大学.

杨金森. 2005. 关注蔚蓝色的国土——我国海洋的价值和战略地位. 中国民族,(5):28-29.

杨雷, 高翔, 杜志元, 等. 2017. 基于海底大地控制网的可回收浅海方舱. CN201720401579.1.

杨文龙, 薛树强, 曲国庆, 等. 2020. 测距定位方程的多解性及粒子群搜索算法. 导航定位学报, 8(3):121-126.

杨元喜, 崔先强. 2003. 动态定位有色噪声影响函数——以一阶 AR 模型为例. 测绘学报, 32:6-10.

杨元喜, 高为广. 2004a. 基于多传感器观测信息抗差估计的自适应融合导航. 武汉大学学报(信息科学版), 29:885-888.

杨元喜，高为广. 2004b. 基于方差分量估计的自适应融合导航. 测绘学报，33：22-26.

杨元喜，何海波，徐天河. 2001a. 论动态自适应滤波. 测绘学报，30：293-298.

杨元喜，李晓燕. 2017. 微PNT与综合PNT. 测绘学报，46（10）：1249-1254.

杨元喜，刘焱雄，孙大军，等. 2020. 海底大地基准网建设及其关键技术. 中国科学：地球科学，50（7）：936-945.

杨元喜，宋力杰，徐天河. 2002. 大地测量相关观测抗差估计理论. 测绘学报，31：95-99.

杨元喜，徐君毅. 2016. 北斗在极区导航定位性能分析. 武汉大学学报（信息科学版），41（1）：15-20.

杨元喜，徐天河，薛树强. 2017. 我国海洋大地测量基准与海洋导航技术研究进展与展望. 测绘学报，46（1）：1-8.

杨元喜，徐天河. 2003. 基于移动开窗法协方差估计和方差分量估计的自适应滤波. 武汉大学学报（信息科学版），28：714-718.

杨元喜. 1997. 动态系统的抗差Kaliman滤波. 解放军测绘学院学报，（2）：79-84.

杨元喜. 2003a. 动态定位自适应滤波解的性质. 测绘学报，32：189-192.

杨元喜. 2003b. 多源传感器动、静态滤波融合导航. 武汉大学学报（信息科学版），28：386-388.

杨元喜. 2006a. 自适应动态导航定位. 北京：测绘出版社.

杨元喜. 2006b. 动态Kalman滤波模型误差的影响. 测绘科学，31：17-18.

杨元喜. 2009. 2000中国大地坐标系. 科学通报，16：2271-2276.

杨元喜. 2010. 北斗卫星导航系统的进展、贡献与挑战. 测绘学报，39（1）：1-6.

杨元喜. 2016. 综合PNT体系及其关键技术. 测绘学报，45（5）：505-510.

杨元喜. 2018. 弹性PNT基本框架. 测绘学报，47（7）：5-10.

姚宜斌，杨元喜，孙和平，等. 2020. 大地测量学科发展现状与趋势. 测绘学报，49（10）：1243-1251.

于营. 2012. 南海安全问题与中国海洋战略研究. 天津师范大学学报（社会科学版），（6）：18-23.

袁书明，孙枫，刘光军，等. 2004. 重力图形匹配技术在水下导航中的应用，（2）：13-17.

张福斌. 2002. 水下航行器导航系统设计及误差分析. 西安：西北工业大学.

张世童，张宏伟，王延辉，等. 2020. 自主水下航行器导航技术发展现状与分析. 导航定位学报，8（2）：1-7.

张旭. 2015. LBL基阵阵型性能预估软件设计实现. 哈尔滨：哈尔滨工程大学.

张毅，齐尔麦，常延年. 2013. 水下监测平台安全回收技术研究. 海洋技术，32（3）：30-32.

张之猛，刘伯胜. 2006. 遗传模拟退火算法用于浅海声速反演的仿真研究. 哈尔滨工程大学
　　学报，27（4）：505-508.

章传银，党亚民，柯宝贵，等. 2012. 高精度海岸带重力似大地水准面的若干问题讨论. 测
　　绘学报，41（5）：709-714，742.

赵建虎，陈鑫华，吴永亭，等. 2018. 顾及波浪影响和深度约束的水下控制网点绝对坐标
　　的精确确定. 测绘学报，47（3）：413-421.

赵建虎，董江，柯灏，等. 2015. 远距离高精度GPS潮汐观测及垂直基准转换研究. 武汉
　　大学学报（信息科学版），40（6）：761-766.

赵建虎，梁文彪. 2019. 海底控制网测量和解算中的几个关键问题. 测绘学报，48（9）：
　　129-134.

赵建虎，王爱学. 2015. 精密海洋测量与数据处理技术及其应用进展. 海洋测绘，35（6）：
　　1-7.

赵丽华，杨元喜，王庆良. 2011. 考虑区域构造特征的地壳形变分析拟合推估模型. 测绘学
　　报，40（4）：435-441.

赵爽，王振杰，刘慧敏. 2018. 顾及声线入射角的水下定位随机模型. 测绘学报，（9）：
　　1280-1289.

赵爽，王振杰，吴绍玉，等. 2017. 基于选权迭代的走航式水声差分定位方法. 石油地球物
　　理勘探，52（6）：1137-1145.

周斌权，房建成，陈琳琳，等. 2014. 核磁共振原子自旋陀螺仪技术研究进展//第十三届全
　　国敏感元件与传感器学术会议论文集.

周军，葛致磊，施桂国，等. 2008. 地磁导航发展与关键技术. 宇航学报，29（5）：6.

周伟，李仲铀. 2017. 俄、美新型水下导航系统发展分析. 现代军事，（3）：55-57.

朱如意. 2017-07-12. 量子测量：未来导航领域的颠覆性技术. 中国航天报，第003版.

自然资源部. 2019. 2019年中国海洋经济统计公报. http://gi.mnr.gov.cn/202005/t20200509_
　　2511614.html[2022-02-21].

自然资源部海洋发展战略研究所课题组. 2019. 中国海洋发展报告（2019）. 北京：海洋出
　　版社.

Altamimi Z，Boucher C，Willis P. 2005. Terrestrial reference frame requirements within GGOS
　　perspective. Journal of Geodynamics，40（4）：363-374.

Altamimi Z，Rebischung P，Métivier L，et al. 2016. ITRF2014：A new release of the
　　International Terrestrial Reference Frame modeling non-linear station motions. Journal of
　　Geophysical Research Solid Earth，121：6109-6131.

Andersen O，Knudsen P，Berry P. 2010. The DNSC08GRA global marine gravity field from double retracked satellite altimetry. Journal of Geodesy, 84 (3): 191-199.

Bagley P M, Smith K L, Bett B J, et al. 2015. The DELOS Project: Development of A Long-Term Observatory in an Oil Field Environment in the Tropical Atlantic Ocean. Berlin: Springer.

Ballu V, Bouin M N, Calmant S, et al. 2010. Absolute seafloor vertical positioning using combined pressure gauge and kinematic GPS data. Journal of Geodesy, 84 (1): 65.

Becker J J, Sandwell D T, Smith W H F. 2009. Global bathymetry and elevation data at 30 arc seconds resolution: SRTM30_PLUS. Marine Geodesy, 32 (4): 355-371.

Blum J A, Chadwell C D, Driscoll N, et al. 2010. Assessing slope stability in the Santa Barbara Basin, California, using seafloor geodesy and CHIRP seismic data. Geophysical Research Letters, 37 (13): 438-454.

Brooks B A, Foster J H, McGuire J J, et al. 2011. Submarine landslides and slow earthquakes: Monitoring motion with GPS and seafloor geodesy//Meyers R A. Extreme Environmental Events: Complexity in Forecasting and Early Warning. New York: Springer: 889-907.

Bürgmann R, Chadwell D. 2014. Seafloor geodesy. Annual Review of Earth and Planetary Sciences, 42 (1): 509-534.

Chadwell C D, Spiess F N, Hildebrand J A, et al. 1996. Precision acoustic geodetic measurement of seafloor motion over 10 km. Journal of the Acoustical Society of America, 100 (4): 2669.

Chadwell C D, Spiess F N, Hildebrand J A, et al. 1997. Sea floor strain measurement using GPS and acoustics//Segawa J, Fujimoto H, Okubo S. Gravity, Geoid and Marine Geodesy. Berlin: Springer: 682-689.

Chadwell C D, Sweeney A D. 2010. Acoustic ray-trace equations for seafloor geodesy. Marine Geodesy, 33 (2-3): 164-186.

Chadwick J W W, Nooner S L, Zumberge M A, et al. 2006. Vertical deformation monitoring at Axial Seamount since its 1998 eruption using deep-sea pressure sensors. Journal of Volcanology and Geothermal Research, 150 (1/3): 313-327.

Chen G, Liu Y, Liu Y, et al. 2019. Adjustment of transceiver lever arm offset and sound speed bias for GNSS-acoustic positioning. Remote Sensing, 11 (13): 1606.

Chen G, Liu Y, Liu Y, et al. 2020. Improving GNSS-acoustic positioning by optimizing the ship's track lines and observation combinations. Journal of Geodesy, 94 (6): 61.

Drewes H. 2008. Geodesist's handbook 2008. Journal of Geodesy, 82 (11): 661-846.

Favali P, Beranzoli L. 2006. Seafloor observatory science: A review. Annali Di Geofisica, 49 (2-3): 515-567.

Floberghagen R, Fehringer M, Lamarre D, et al. 2011. Mission design, operation and exploitation of the gravity field and steady-state ocean circulation explorer mission. Journal of Geodesy, 85 (11): 749-758.

Forsberg R. 1984. A study of terrain corrections, density anomalies and geophysical inversion methods in gravity field modelling (Department of Geodetic Science and Surveying). Columbus: Ohio State University.

Frappart F, Minh K D, L'Hermitte J, et al. 2006. Water volume change in the lower Mekong from satellite altimetry and imagery data. Geophysical Journal International, 167 (2): 570-584.

Fujita M, Ishikawa T, Mochizuki M, et al. 2006. GPS/Acoustic seafloor geodetic observation: Method of data analysis and its application. Earth, Planets and Space, 58 (3): 265-275.

Gagnon K, Chadwell C, Norabuena E. 2005. Measuring the onset of locking in the Peru-Chile trench with GPS and acoustic measurements. Nature, 434 (7030): 205.

Han Y, Wang B, Deng Z, et al. 2017a. A combined matching algorithm for underwater gravity aided navigation. IEEE/ASME Transactions on Mechatronics, 1.

Han Y, Wang B, Deng Z, et al. 2017b. A mismatch diagnostic method for TERCOM-based underwater gravity aided navigation. IEEE Sensors Journal, (9): 1.

Han Y, Wang B, Deng Z, et al. 2018. A matching algorithm based on the nonlinear filter and similarity transformation for gravity-aided underwater navigation. IEEE/ASME Transactions on Mechatronics, 23 (2): 646-654.

Hashimoto C, Noda A, Sagiya T, et al. 2009. Interplate seismogenic zones along the Kuril-Japan trench inferred from GPS data inversion. Nature Geoscience, 2 (2): 141-144.

Hirt C. 2013. RTM gravity forward-modeling using topography/bathymetry data to improve high-degree global geopotential models in the coastal zone. Marine Geodesy, 36 (2): 183-202.

Iannaccone G, Guardato S, Donnarumma G P, et al. 2018. Measurement of seafloor deformation in the marine sector of the Campi Flegrei Caldera (Italy). Journal of Geophysical Research: Solid Earth, (123): 66-86.

Ikuta R, Tadokoro K, Ando K, et al. 2008. A new GPS-acoustic method for measuring ocean floor crustal deformation: Application to the Nankai trough. Journal of Geophysical Research

Solid Earth，113（B2）：1-12.

Jekeli C. 1987. The downward continuation of aerial gravimetric data without density hypothesis. Bulletin Géodésique，61（4）：319-329.

Kalwa J. 2009. The European R&D-Project GREX：Coordination and control of cooperating heterogeneous unmanned systems in uncertain environments. IFAC Proceedings Volumes，42（18）：364-369.

Kato N，Shigetomi T. 2009. Underwater navigation for long-range autonomous underwater vehicles using geomagnetic and bathymetric information. Advanced Robotics，23（7-8）：787-803.

Kaula W M，Street R E. 1996. Theory of Satellite Geodesy：Applications of Satellites to Geodesy. Waltham：Blaisdell Pub. Co.

Ke L，Ding X，Song C. 2015. Heterogeneous changes of glaciers over the western Kunlun Mountains based on ICESat and Landsat-8 derived glacier inventory. Remote Sensing of Environment，168：13-23.

Keller W，Hirsch M. 1992. Downward Continuation Versus Free-Air Reduction in Airborne Gravimetry. Berlin：Springer.

Kuhn M，Hirt C. 2016. Topographic gravitational potential up to second-order derivatives：An examination of approximation errors caused by rock-equivalent topography（RET）. Journal of Geodesy，90（9）：883-902.

Lin W，Hubiao W，Hua C，et al. 2017. Performance evaluation and analysis for gravity matching aided navigation. Sensors，17（4）：769.

Liu Y，Wu M，Hu X，et al. 2007. Research on geomagnetic matching method. IEEE Conference on Industrial Electronics & Application.

Liu Y X，Xue S，Qu G，et al. 2020. Influence of the ray elevation angle on seafloor positioning precision in the context of acoustic ray tracing algorithm. Applied Ocean Research，105：102403.

Matsumoto Y，Fujita M，Ishikawa T. 2008a. Development of multi-epoch method for determining seafloor station position. Report of Hydrographic and Oceanographic Researches，26：16-22.

Matsumoto Y，Ishikawa T，Fujita M. 2008b. Weak interplate coupling beneath the subduction zone off Fukushima，NE Japan，inferred from GPS/acoustic seafloor geodetic observation. Earth，Planets and Space，60（6）：e9-e12.

Mcguire J J，Collins J A. 2013. Millimeter-level precision in a seafloor geodesy experiment at the discovery transform fault，East Pacific Rise. Geochemistry Geophysics Geosystems，14（10）：4392-4402.

Meduna D K，Rock S M，Mcewen R S. 2011. Closed-loop terrain relative navigation for AUVs with non-inertial grade navigation sensors//Autonomous Underwater Vehicles，Monterey：1-8.

Meduna D K，Rock S M，Mcewen R. 2008. Low-cost terrain relative navigation for long-range AUVs//Proceedings of the OCEANS Conference，Quebec City：1-7.

Mochizuki M，Sato M，Katayama M，et al. 2003. Construction of seafloor geodetic observation network around Japan. Recent Advances in Marine Science and Technology，2002：591-600.

Munk W H. 1974. Sound channel in an exponentially stratified ocean，with application to SOFAR. The Journal of the Acoustical Society of America，55（2）：220-226.

National Security Space Office. 2008. National positioning，navigation，and timing architecture study. https://Rosap. Ntl.Bts.Gov/View/Dot/16923/Dot_16923_DS1.Pdf［2022-02-28］.

Obana K，Katao H，Ando M. 2000. Seafloor positioning system with GPS-acoustic link for crustal dynamics observation—A preliminary result from experiments in the sea. Earth，Planets and Space，52（6）：415-423.

Orolia. 2019. Versa PNT assured PNT solution. https://www.Orolia.Com/Products/Resilient-Pnt-Sources/Versapnt［2022-02-28］.

Osada Y，Fujimoto H，Miura S，et al. 2003. Estimation and correction for the effect of sound velocity variation on GPS/acoustic seafloor positioning：An experiment off Hawaii Island. Earth，Planets and Space，（55）：e17-e20.

Osada Y，Kido M，Fujimoto H. 2012. A long-term seafloor experiment using an acoustic ranging system：Precise horizontal distance measurements for detection of seafloor crustal deformation. Ocean Engineering，51：28-33.

Pavlis N K，Holmes S A，Kenyon S C，et al. 2012. The development and evaluation of the Earth Gravitational Model 2008（EGM2008）. Journal of Geophysical Research，117（B4）：1-38.

P H. 米尔恩. 水下工程测量. 肖士砳，陈德渊，译. 北京：海洋出版社.

Poutanen M，Rózsa S. 2020. The geodesist's handbook 2020. Journal of Geodesy，94（11）：109.

Reigber C，Lühr H，Schwintzer P. 2002. CHAMP mission status. Advances in Space Research，30（2）：129-134.

Sakic P，Ballu V，Crawford W，et al. 2018. Acoustic ray tracing comparisons in the context of geodetic precise off-shore positioning experiments. Marine Geodesy，41（4）：315-330.

Sakic P，Piété H，Ballu V，et al. 2016. No significant steady state surface creep along the north anatolian fault offshore Istanbul：Results of 6 months of seafloor acoustic ranging. Geophysical Research Letters，43（13）：6817-6825.

Sandwell D，Smith W. 1997. Marine gravity anomaly from Geosat and ERS 1 satellite altimetry. Journal of Geophysical Research：Solid Earth，102（B5）：10039-10054.

Sato M，Fujita M，Matsumoto Y，et al. 2013a. Interplate coupling off northeastern Japan before the 2011 Tohoku-oki earthquake，inferred from seafloor geodetic data. Journal of Geophysical Research：Solid Earth，118（7）：3860-3869.

Sato M，Fujita M，Matsumoto Y，et al. 2013b. Improvement of GPS/acoustic seafloor positioning precision through controlling the ship's track line. Journal of Geodesy，87：825-842.

Seeber G. 2008. Satellite Geodesy：Foundations，Methods，and Applications. Berlin：Walter de Gruyter.

Spiess F N，Chadwell C D，Hildebrand J A，et al. 1998. Precise GPS/acoustic positioning of seafloor reference points for tectonic studies. Physics of the Earth and Planetary Interiors，108（2）：101-112.

Spiess F N. 1985a. Suboceanic geodetic measurements. IEEE Transactions on Geoscience and Remote Sensing，GE-23（4）：502-510.

Spiess F N. 1985b. Analysis of a possible sea floor strain measurement system. Marine Geodesy，9（4）：385-398.

Sweeney A D，Chadwell C D，Hildebrand J A，et al. 2005. Centimeter-level positioning of seafloor acoustic transponders from a deeply-towed interrogator. Marine Geodesy，28（1）：39-70.

Takahashi N，Ishihara Y，Ochi H，et al. 2014. New buoy observation system for tsunami and crustal deformation. Marine Geophysical Research，35（3）：243-253.

Tapley B，Bettadpur S，Ries J，et al. 2004. GRACE measurements of mass variability in the earth system. Science，305（5683）：503-505.

Tozer B，Sandwell D T，Smith W H F，et al. 2019. Global bathymetry and topography at 15 arc sec：SRTM15+. Earth and Space Science，6：1847.

Troni G，Whitcomb L L. 2015. Advances in in situ alignment calibration of doppler and high/low-end attitude sensors for underwater vehicle navigation：Theory and experimental evaluation. Journal of Field Robotics，32（5）：655-674.

Wang B，Zhu J，Deng Z，et al. 2018. A characteristic parameter matching algorithm for gravity-aided navigation of underwater vehicles. IEEE Transactions on Industrial Electronics，66（2）：1203-1212.

Wang J，Xu T，Nie W，et al. 2020a. The construction of sound speed field based on back propagation neural network in the global ocean. Marine Geodesy，43（6）：1-14.

Wang J，Xu T，Wang Z. 2020b. Adaptive robust unscented Kalman filter for AUV acoustic navigation. Sensors，20（1）.

Wang J，Xu T，Zhang B，et al. 2020c. Underwater acoustic positioning based on the robust zero-difference Kalman filter. Journal of Marine Science Technology，1-16.

XBLUE，Inc. 2019. FOG-based high-performance inertial navigation system. https://www. ixblue.com/sites/default/files/2019-06/Phins_2019.pdf[2022-01-21].

Xin M，Yang F，Wang F，et al. 2018. A TOA/AOA underwater acoustic positioning system based on the equivalent sound speed. The Journal of Navigation，71（6）：1431-1440.

Xu P，Ando M，Tadokoro K. 2005. Precise，three-dimensional seafloor geodetic deformation measurements using difference techniques. Earth，Planets and Space，57（9）：795-808.

Xue S Q，Yang Y X. 2017. Understanding GDOP minimization in GNSS positioning：Infinite solutions，finite solutions and no solution. Advances in Space Research，59（3）：775-785.

Yamada T，Ando M，Tadokoro K，et al. 2002. Error evaluation in acoustic positioning of a single transponder for seafloor crustal deformation measurements. Earth，Planets and Space，54（9）：871-881.

Yang F，Lu X，Li J，et al. 2011. Precise positioning of underwater static objects without sound speed Profile. Marine Geodesy，34（2）：138-151.

Yang Y X，Gao W G，Guo S R，et al. 2019. Introduction to Beidou-3 navigation satellite system. Navigation，66：7-18.

Yang Y X，Gao W G，Zhang X. 2010. Robust Kalman filtering with constraints：A case study for integrated navigation. Journal of Geodesy，84（6）：373-381.

Yang Y X，Gao W G. 2006. An optimal adaptive Kalman filter. Journal of Geodesy，80（4）：177-183.

Yang Y X，Li J L，Xu J Y，et al. 2011. Generalised DOPs with consideration of the influence function of signal-in-space errors. Journal of Navigation，64（S1）：227-247.

Yang Y X，Liu Y X，Sun D J，et al. 2020a. Seafloor geodetic network establishment and key technologies. Science China Earth Science，（63）：1188-1198.

Yang Y X，Mao Y，Sun B J. 2020b. Basic performance and future developments of BeiDou global navigation satellite system. Satellite Navigation，1（1）：1.

Yang Y X，Qin X P. 2021. Resilient observation models for seafloor geodetic positioning. Journal of Geodesy，95（7）：1-13.

Yang Y X，Xu Y Y，Li J L，et al. 2018. Progress and performance evaluation of BeiDou global navigation satellite system：Data analysis based on BDS-3 demonstration system. Science China Earth Sciences，61（5）：614-624.

Yang Y X. 1991. Robust bayesian estimation. Journal of Geodesy，65（65）：145-150.

Yang Y，Song L，Xu T. 2002. Robust estimator for correlated observations based on bifactor equivalent weights. Journal of Geodesy，76（6）：353-358.

Zhao J，Chen X，Zhang H，et al. 2018. Localization of an underwater control network based on quasi-stable adjustment. Sensors，18（4）：1-18.

Zhao J，Zou Y，Zhang H，et al. 2016. A new method for absolute datum transfer in seafloor control network measurement. Journal of Marine Science and Technology，21（2）：216-226.

# 彩　　图

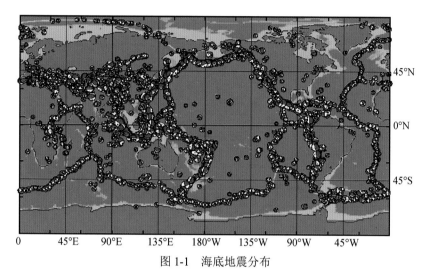

图 1-1　海底地震分布

资料来源：https://www.globalcmt.org/

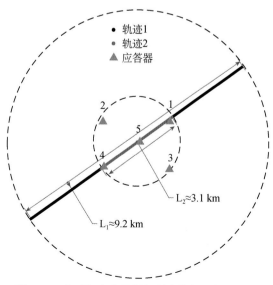

图 5-37　水下海底应答器与船底换能器位置关系

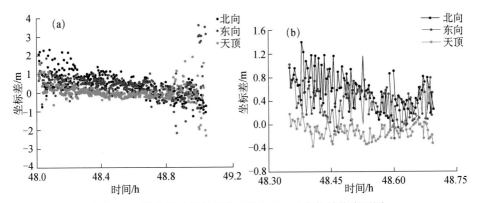

图 5-38　船底换能器的声学定位与 GNSS 定位差值序列图

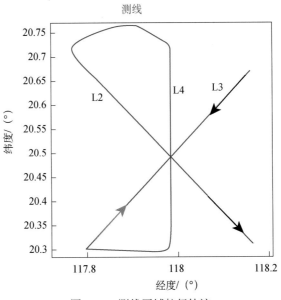

图 5-41　测线区域航行轨迹